实现光的梦想

光不单纯使一切变得可识别，
光是创造者，
是影子，是形状，是质感，
是幻想，是现实，
是情绪化的，是敏感的……
中泰照明，创造并实现您心中光的梦想！

www.ztlighting.net

卷首语
Prelude

建筑，是近三十年来中国大地上成长速度最快的一种物质。它在带动中国GDP高速发展的同时，也成就了无数地产商、设计师的造梦理想。没有人会质疑中国人的创纪录能力——我们可以不断地刷新各项记录：规模最大、投资最多、速度最快、设施最豪华、采用技术最为先进……这些令人心跳加快的字眼几乎天天会出现在我们的报纸头版。

但是，数量和规模的急剧膨胀并没有给中国建筑界带来相对等的荣耀——大量重要的建筑设计出自国外的明星建筑师，能够赢得国际尊重的中国建筑师还寥寥无几……我们拥有世界上最为庞大的建设量，却缺乏世界级的建筑大师；我们有能力投资豪华、奢侈的建筑，但是却不能让建筑打动人们的心灵，使人热泪盈眶。

优秀建筑的诞生、建筑大师的孕育不可能一蹴而就。我们应该静下心来，专注于建筑教育，着力于提升社会普通民众的建筑素养。毕竟，营造适合大师成长的土壤比硬性"催熟"个别大师要更为明智。当今社会中，传播建筑信息的专业媒体数不胜数——与建筑业的高度繁荣所类似，各类与建筑有关的纸质媒体数量繁多、异彩纷呈。但是，大多数的建筑杂志只以专业人士为受众，不屑于对社会的思想传播，大多数的杂志喜欢追逐成名建筑师的"力作"，却忽略了对本土建筑师原创能力的关注。可以说，我们的建筑媒体不缺信息，缺的是立场。

建筑从其诞生之时就属于造型艺术的范畴。世界上最早的建筑教育源于巴黎美术学院。现代意义上的建筑学科既根植于对造型本源、美学观念的探究，又兼顾对营建技艺、建构方法的解析，因此兼具科学性和人文性。也许，从"造型艺术"和"大设计"的视野中去思索建筑，可以让我们更接近建筑的灵魂。

2000年以来，中国的建筑教育界出现了一股新生的力量，他们来自于国内的各大美术学院。与传统工科院校背景的建筑院系不同，他们有着迥然不同的目标，有着自己的主张，有着独特的学术土壤——他们信奉建筑是艺术，吸收着艺术的营养，不抗拒"跨界"的乐趣，并愿意与公众分享严肃的建筑思想……

于是，有了《建筑·艺术》。

Architecture•Art represents the new-generated power from Fine Arts Academies in China, pursuing the origin of shape and aesthetic sense, as well as analysis for constructing works & structural technology. The "Aesthetic standpoint" of local architects is being highlighted, to approach the soul of architecture, and simultaneously promote common people's architectural attainment.

建筑·艺术 2011年第1期 总第1期

出版单位：
中国建筑工业出版社

参编单位：
上海大学美术学院
中央美术学院
清华大学美术学院
天津美术学院
四川美术学院
中国美术学院
鲁迅美术学院
西安美术学院
广州美术学院
湖北美术学院

编委会主任：
吕品晶、张惠珍

编委（按姓氏笔画排序）：
马克辛、王海松、吕品晶、苏丹、李东禧、杨岩、吴昊、吴晓琪、何小青、张月、张惠珍、陈顺安、邵健、赵健、唐旭、黄耘、彭军、傅祎、詹旭军

主编：
王海松

副主编：
苏丹、傅祎

编辑：
林磊、李钢、莫弘之、魏秦、宾慧中

责任编辑：
唐旭、李东禧

美术编辑：
鞠黎舟、杨嘉峰、黄伟

英语编辑：
周姚

编辑部地址：
上海市上大路99号上海大学美术学院224室
邮编：200444

图书在版编目（CIP）数据

建筑·艺术 01/ 王海松主编.—北京：中国建筑工业出版社，2011.8
ISBN 978-7-112-13441-0

I. ①建... II. ①王... III. ①建筑艺术-研究 IV. ①TU-8

中国版本图书馆CIP数据核字（2011）第153098号

PUBLISHER:
China Architecture & Building Press

RATIONALITY:
College of Fine Arts, Shanghai University
China Central Academy of Fine Arts
Academy of Art & Design, Tsinghua University
Tianjin Academy of Fine Arts
Sichuan Fine Arts Institute
China Academy of Art
Luxun Academy of Fine Arts
Xi' an Academy of Fine Arts
Guangzhou Academy of Fine Arts
Hubei Institute of Fine Arts

EDITORIAL DIRECTOR:
Lv Pinjing , Zhang Huizhen

EDITORIAL BOARD :
Ma Kexin, Wang Haisong, Lv Pinjing, Su Dan, Li Dongxi, Yang Yan, Wu Hao, Wu Xiaoqi, He Xiaoqing, Zhang Yue, Zhang Huizhen, Chen Shunan, Shao Jian, Zhao Jian, Tang Xu, Huang Yun, Peng Jur Fu Yi, Zhan Xujun

CHIEF EDITOR:
Wang Haisong

ASSOCIATE EDITOR:
Su Dan, Fu Yi

SENIOR EDITOR:
Lin Lei, Li Gang, Mo Hongzhi , Wei Qin , Bin Huizhong

EDITOR:
Tang Xu, Li Dongxi

ART EDITOR:
Ju Lizhou, Yang Jiafeng, Huang Wei

ENGLISH EDITOR:
Zhou Yao

Editorial Office Address:
Room 224,Fine Arts College Of Shanghai University,No.99 Shangda Road ,Shanghai 200444

开本：787×1092毫米 1/8 印张：14 字数：336千字
2011年8月第一版 2011年8月第一次印刷
定价：88.00元
ISBN 978-7-112-13441-0
(21200)
中国建筑工业出版社出版、发行（北京西郊百万庄）
各地新华书店、建筑书店经销
北京方嘉彩色印刷有限责任公司印刷
版权所有 翻印必究
如有印装质量问题，可寄本社退换
（邮政编码 100037）

《建筑·艺术》寄语
Architecture·Art Preface

——建筑与艺术的融合将成为中国现代文化的先导

历史上关于艺术的范畴比今天广泛得多,在古代和中世纪的西方,凡是技艺性的产品,甚至技艺本身都称为艺术,艺术与工艺并没有严格的区分,甚至科学也是艺术。"美术"这一名称和概念的确立使艺术的范畴发生变化,直至19世纪才将工艺和科学排除在艺术之外,使艺术的范畴趋于狭窄。因为同样建立在技艺的基础之上,由于表现主题的永恒意义,远古时代的艺术与建筑是一个整体,在本质上相互关联。

在德国哲学家、启蒙运动思想家康德的艺术体系中,存在三种美的艺术:言语的艺术、造型的艺术和感觉(作为外表感官印象)游戏的艺术。建筑与雕塑同属造型艺术中的"塑形艺术",雕塑是立体的如同事物在自然中可能实存那样展示事物的概念的艺术,而建筑是"展示唯有通过艺术才有可能的事物的概念的艺术",是通过感性的直观表现意象的艺术,是在审美上合目的的艺术。在德国哲学家,近代哲学体系的奠基人黑格尔的艺术体系中,艺术的历史类型分为象征型艺术、古典型艺术和浪漫型艺术,建筑属于象征型艺术,这是一种美的建筑,是"前艺术"(Vorkunst),是过渡到艺术的准备阶段。

自人类文明起源以来,建筑与艺术就有着渊源关系,历史上有无数关于建筑与艺术联姻的例子,古希腊和古罗马建筑是建筑与雕塑、绘画相融合的整体。中世纪的教堂建筑为绘画、雕塑和音乐提供了空间、场所和灵感,而中世纪和文艺复兴绘画也往往把建筑作为理想的宗教环境。建筑师作为艺术家以及建筑作为造型艺术、视觉艺术的概念,是西方的产物,这个概念开始于文艺复兴。人们往往把阿尔贝蒂和米开朗基罗的论著和作品作为建筑是艺术的例证,现代建筑则以勒·柯布西耶为代表,将立体主义艺术应用到建筑上。在勒·柯布西耶看来,建筑是具有高度抽象性的艺术,而且是一种崇高的艺术,意味着造型的创造,智慧的思辨和高超的数学,他主张:

"建筑是超越一切其他艺术之上的艺术,要求能达到纯精神的高度、数学的规律、理论的境界、比例的协调。这就是建筑的最终目标"。

建筑与艺术都象征着生命,尤其是建筑师和艺术家的思维方式、哲学思潮、艺术风尚的相互影响,建筑师与艺术家从事的工作有时相互融合,当代建筑正愈益与艺术融合,成为实用艺术和空间实践的艺术,建筑尤其被看作与雕塑在某些方面具有同构的性质。建筑师和艺术家虽然有不同的话语系统,然而他们在2000年前就曾经在一起工作,作为从事造型艺术的艺术家,建筑师和艺术家也会遵循一些共同的原理。无论是艺术还是建筑,都是人们从不同的领域观察、认识并创造世界的方式,艺术和建筑之间必然有相通之处。历史上就有艺术家和建筑师试图创造一种综合各种艺术的总体艺术。

自20世纪60年代起,有相当一部分艺术家试图重新思考并建立艺术与建筑的关系,尽管现代建筑与艺术的关系在20世纪初的先锋派革命中逐渐疏离,甚至连建筑本身也往往被排除在艺术之外。尽管有不少极端的观点,然而现代建筑运动的一些流派和建筑师其实仍然把建筑作为艺术来看待,艺术仍然是建筑与城市的重要组成部分。现代建筑的创导者和理论家雷纳·班纳姆(Reyner Banham,1922~1988)也强调:"建筑是一种必不可少的视觉艺术。无论承认与否,这是一个文化历史性的事实,建筑师受到视觉形象的训练与影响"。

自20世纪80年代以来,艺术的概念与现代性相联系,在这个网络、多媒体和技术快速发展的时代,艺术、艺术表现和传播艺术、体验艺术的方式都在发生根本性的变化。在这方面,当代建筑与其他艺术相比更具有代表性,建筑有时候走在时代的前面,其先锋性甚至超越了许多艺术领域。

当代艺术的领域正在拓展并消解,涵盖着十分宽泛的领域。美国艺术史学家、耶鲁大学教授乔治·库布勒(George Kubler,1912~1996)认为,艺术品的范围应该包括所有的人造物品,而不仅是那些非实用的、美观的和富有诗意的东西。自20世纪90年代中叶以来,关于非形式艺术的观念,更是模糊了建筑与艺术的边界,对建筑的影响是显而易见的。历届威尼斯双年展所展出的实验性建筑表明,有相当一部分建筑师着意表现建筑的艺术性。2004年第9届威尼斯双年展的主题是《蜕变》(Metamorph),反映当前建筑进入了改变的年代和持续性的更新,其主旨是让建筑向文化的、社会的和生态的议题开放,展出的许多建筑表现出与环境艺术的融合,展示了建筑世界的多样性,见证了建筑作为生命有机体的演变。

以《越界:超越房屋的建筑》(Out There: Architecture beyond Building)为主题的2008年第11届威尼斯建筑双年展所展出的许多建筑作品其实是装置艺术或雕塑,建筑与艺术的融合在这届双年展上达到了高潮。弗兰克·盖里展出了他的作品的综合形象,实质上也是一件装置艺术品。弗兰克·盖里在他的职业生涯中钟爱雕塑、绘画和文学艺术,他在这届双年展的宣言中说:"就定义而言,一座建筑就是一件三维的雕塑。在确凿的阶段,艺术与建筑有许多相似性"。

在当代语境下,艺术或者是建筑与城市的一部分,或者是建筑与城市的衔接和过渡的环节,或者起着阐释建筑、建筑与环境的作用。许多城市越来越重视文化的发展,大力资助公共建筑项目和营造公共空间,越来越多的建筑师注重与艺术家的合作,更是推动了建筑与艺术的融合。尤其是艺术的概念也在起变化,创造新艺术。艺术不再是静态的,人们不再以古典造型艺术来衡量建筑,建筑成为生活的艺术、实践的艺术和社会的艺术。

同艺术一样,少数人享有建筑艺术的时代已经过去了,建筑成为大众都能参与的艺术,成为生活的组成部分。正如中国2010年上海世界博览会的建筑,从世博会的历史来看,世博会也是建筑博览会。由于建筑功能的特殊性和建筑造型的象征性,有些世博会的建筑只是展示内容的舞台布景,是展品的陪衬。由于代表国家和地区,建筑具有重要的符号意义,而建筑的功能则相对比较简单,建筑本身就是展品,就是艺术品,在世博会建筑上融合了多种艺术的元素。也正因为世博会建筑的短暂性,使建筑师有机会创造特殊的建筑,表现出建筑的创造性。建筑的造型将文化价值和功能作用融为一体,使建筑成为艺术作品。

《建筑·艺术》杂志的诞生标志着中国的建筑师和艺术家、教育家们正在深入思考建筑和艺术的未来,探索建筑与艺术的现代性。长期以来,中国的建筑被纳入技艺,归入"建设",在忽视文化的背景下,剥离了建筑的文化内涵。今天的中国,需要提倡建筑的诗意,推动建筑的艺术创造,让建筑成为中国当代文化和艺术的先导。

中国科学院院士:郑时龄

2010年10月20日

卷首语
003 《建筑·艺术》寄语

Prelude
003 Architecture·Art Preface

空间·表现

006 手绘世博——上海世博会建筑景观速写（彭军）

Space · Performance

006 Sketch of Expo —— The Architecture & Landscape Sketch of Expo Shanghai（Peng Jun）

理论·视点

010 设计是一种修行——一个建筑师眼中的米兰设计周（王海松）

Theory · View

010 Design Is a Practice —— The View of an Architect about Milan Design Week（Wang Haisong）

教育·研究

020 建筑技术的蜕变——从结构造型到建造基础教学八年回顾（王环宇）
026 结合乡土材料的构筑训练课程（王平妤）
032 "边缘"训练（何为、何浩）
038 创新与实践——艺术设计研究生教学新模式的探析（彭军）

Education · Research

020 The Evolution of Building Technology —— Review the Eight Years of Teaching from Structural Modeling to the Basis of construction（Wang Huanyu）
026 Training Courses of Constructed with Local Materials（Wang Pingyu）
032 "EDGE" Training（He Wei, He Hao）
038 Innovation & Practice —— The Explore of a New Teaching Mode of Art Design Postgraduate Students（Peng Jun）

创作·实验

040 "呼啸的隧道"——重庆三线建设博物馆方案设计（黄耘）
046 哈尔滨时代广场设计（苏丹、于立晗）

Creation · Experiment

040 The Roaring Tunnel —— The Design of Chongqing Sanxian Developing Museum（Huang Yun）
046 The Design of Times Square in Harbin（Su Dan, Yu Lihan）

场所·地域性

茶马古道上的沙溪白族聚落（宾慧中） 050

融合·兼容·创新——浅论海派建筑中的文化特征（李钢、邢亦舒） 056

Place · Locality

Shaxi Bai Nationality Settlements along the Ancient Tea Horse Road （Bin Huizhong） 050

Fusion · Compatible · Innovation —— On the Cultural Characteristics of Sophisticated Architectural

（Li Gang, Xing Yishu） 056

技术·绿色

建筑生态观的历史脉络（莫弘之） 060

建筑表皮的魔力秀——视觉艺术与绿色技术的当代演绎（吴爱民、耿跃、何俊超） 065

Technology · Green

The Historical Origin of Eco-Design Concepts （Mo Hongzhi） 060

The Magic Show of Architectural Surface

—— Contemporary Interpretation of Visual Arts and Green Technology （Wu Aimin, Geng Yue, He Junchao） 065

城市·文化

未来城市——未来生存与生活方式的探索之旅（吕品晶、范凌、维尼·麦斯、提哈梅尔·萨利基） 070

City · Culture

The Next City —— Excursions on Future Living and Lifestyles

（Lv Pinjing, Fan Ling, Winy Maas, Tihamér Saliji） 070

跨界·交流

设计师必去威尼斯的理由——走读"2010威尼斯建筑双年展"（苏丹） 081

关于"山水"的对话——雕塑家张克端作品解读（陈纪新、张克端） 091

Cross-Border · Across

The Attention to Venice ——Interpretation of "2010 Venice Biennale of Architecture" （Su Dan） 081

The Dialogue about "Shanshui" —— The Interpretation of

the Sculptor Zhang Keduan's Work （Chen Jixin, Zhang Keduan） 091

展览·活动

批判、阅读、释放——2010年四校联合设计营回顾（谢建军、鞠黎舟） 094

"正襟危坐"主题设计展（黄伟） 100

继往开来——全国高等美术院校建筑与环境艺术设计专业教学年会发展历程（傅祎、唐旭） 103

Exhibition · Events

Criticism, Reading, Releasing —— The Review of "Post Expo"

Workshop from 4 Academy of Fine Arts （Xie Jianjun, Ju Lizhou） 094

"Sat" Theme Design Exhibition （Huang Wei） 100

Creating & Developping —— Review of the Annual Meetting of National Academies of Art Design on

Architecture and Environmental Design （Fu Yi , Tang Xu） 103

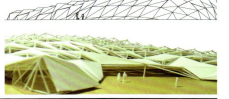

快讯·书评 106

Information · Book Reviews 106

手绘世博
——上海世博会建筑景观速写

彭军　天津美术学院

用自己的眼睛去发现每个世博景观设计的精华，用"手绘"这一最直接的视觉语言来呈现场馆的景观及内部环境设计。

Sketch of EXPO
— The Architecture & Landscape Sketch of Expo Shanghai

Peng Jun　Tianjin Academy of Fine Arts

Find out every design soul of expo landscape with own eyes, and present both inside and outside of the pavilions' design.

1

图1　中国馆 彭奕雄绘制

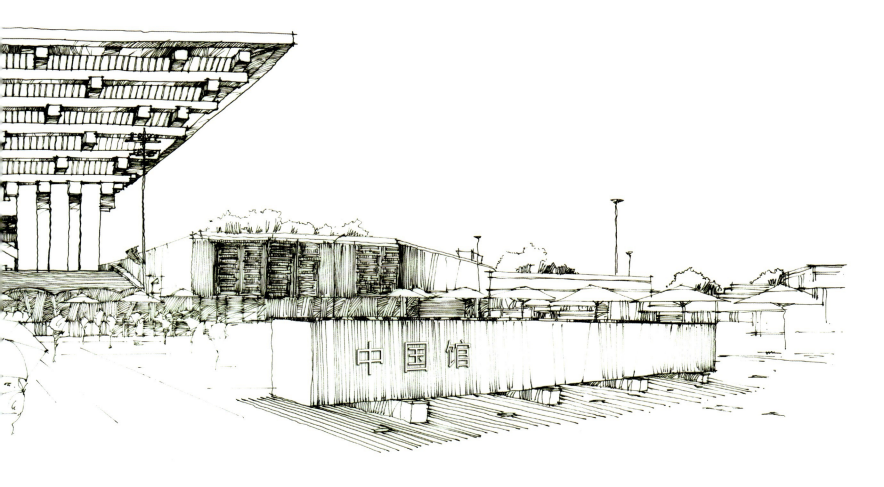

　　上海世界博览会是第一次由中国举办的世界博览会，创造了世界博览会史上最大规模纪录，也成为2010年轰动国内外的大事。不同的人看世博会会有不同的视角。作为艺术院校的师生，就不仅是把世博会看做"经济、科技、文化领域的奥林匹克盛会"，而更愿意把它视为一个世界各国艺术家尽情展示艺术才华的舞台。

　　上海世博园内百余座千姿百态、风格各异的场馆建筑，充满了极为丰富的文化元素。作为环境艺术专业的师生，特别关注世界各国的艺术家和设计师风格迥异的建筑艺术和展示设计作品。为了抓住了这一难得的机遇，天津美术学院环境艺术系及时组织学生赶赴世博会，不仅用自己的眼睛去发现每个世博景观设计的精华，还用"手绘"这一最直接的视觉语言，将场馆的景观设计以及内部环境设计完美地呈现出来。

　　世博会场馆是个特定的场景，"手绘"创作既要真实，又要具有独特的艺术性，难度很高。这对学生来说也是一种新的创作实践。无论从构图的合理性，还是从艺术感的丰富性，此次同学们的手绘作品都在原有的基础上得到了提高。

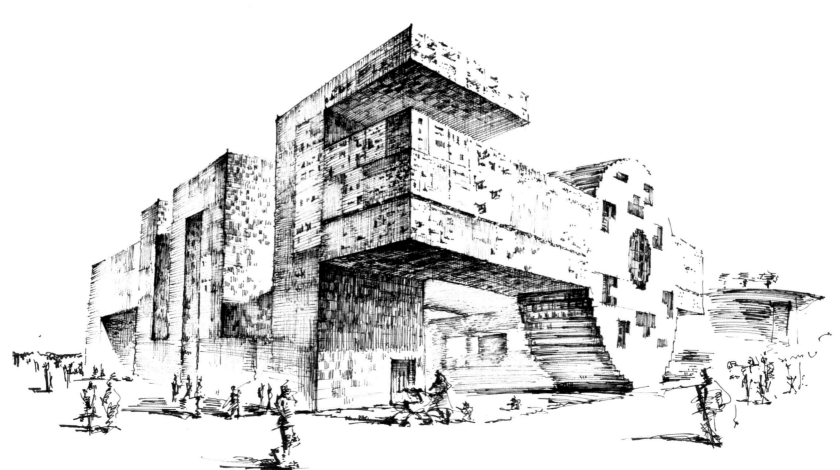

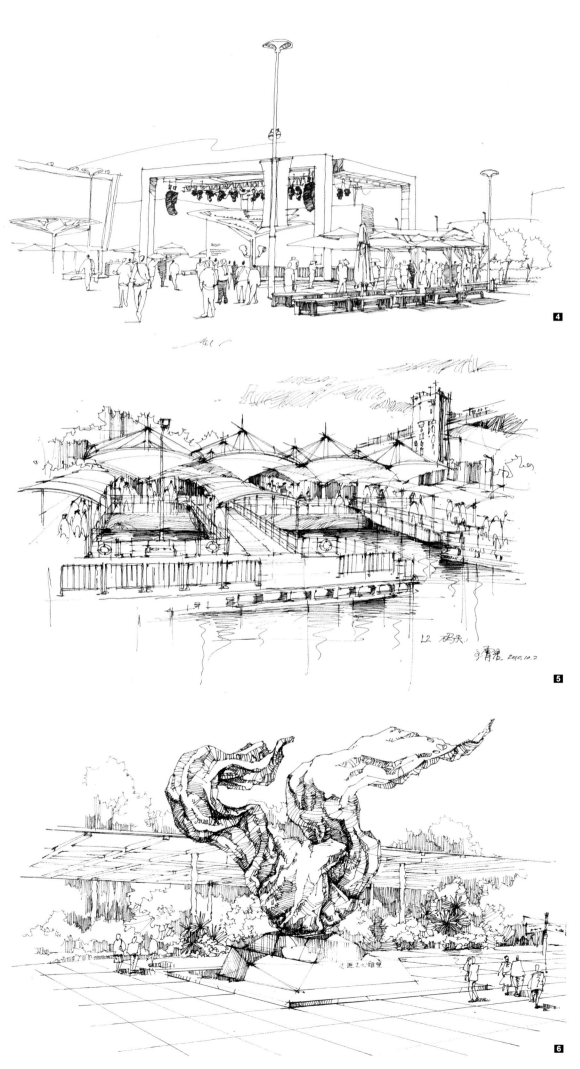

学生的作品采用多种绘画风格,分别从上海世博园的场馆建筑、室内环境、景观小品、公共设施四个方向展现了世博会的风采。

中国馆 China Pavilion·彭奕雄 中国馆以"城市发展中的中华智慧"为核心展示内容,承载着中华民族对科技发展和社会进步的期盼。中国馆的设计方案中凝炼了众多的中国元素:"故宫红"作为建筑物的主色调,色彩醒目,沉稳大气;斗棋造型的国家馆体现了中国传统建筑的文化要素;同时传统的曲线设计被拉直,层层出挑的主体造型显示了现代工程技术的力度美与结构美。这种简约的装饰线条,生动地展现了中国传统建筑独具魅力的神韵。

西班牙馆 Spain Pavilion·孙玲 西班牙馆的外表皮为玻璃及钢结构,用天然藤条编织成的8524个藤条板作装饰,呈现出波浪起伏的流线型,如同一个"藤条篮子",复古而创新。每块藤条板的颜色不一,抽象地拼搭出"日"、"月"、"友"等汉字,表达设计师对中国文化的理解。

韩国馆 The Republic Of Korean Pavilion·刘文敬 韩国馆是地上三层钢结构建筑物。远观韩国馆,是由几个硕大的韩文拼接而成,近看展馆,外墙是用凸凹有致的韩文字母和彩色像素画作为装饰元素。

美洲广场 America Plaza·李椿生 美洲广场主要由立体雕塑和平面个性铺装所构成。每逢美洲国家国家馆日时,广场到处充满欢声笑语,期间广场的主表演舞台同时将迎来各国丰富多彩的文化艺术盛宴。

码头 Dock·王霄君 世博会园区外有4个水门,8个泊位,园区内的水门码头为3个,8个泊位;轮渡码头6个,有10个泊位,还有1个VIP码头。世博码头用于连接浦东浦西园区,减缓了交通压力,方便游客游览园区。

志愿者之心 Volunteers' Heart·林凤 这是一条连接人与人之间的纽带、传递爱心的纽带。它传承着中华民族团结友爱、助人为乐的传统美德,是"城市有我更可爱"的志愿者情结。

图2 西班牙馆 孙玲绘制
图3 韩国馆 刘文敬绘制
图4 美洲广场 李椿生绘制
图5 码头 王霄君绘制
图6 志愿之心雕塑 林凤绘制

设计是一种修行
—— 一个建筑师眼中的米兰设计周

王海松　上海大学美术学院

Design Is a Practice
— The View of an Architect about Milan Design Week

Wang Haisong　College of Fine Arts, Shanghai University

米兰，一个因建筑、时装、艺术、绘画、歌剧、足球等闻名于世的城市，是世界公认的四大时尚之都之一，又被称为达芬奇和阿玛尼的领地。在这个城市中，每年有两个重要的时间段会人满为患，并引起旅店价格暴涨——这就是"米兰时装周"和"米兰设计周"。这是两个令所有米兰人引以为豪的、具有世界级影响力的节日，其中一年一度的"米兰设计周"，更是传说中设计界的奥斯卡。本来，设计周的活动与建筑师并不太相干，由于清华美院好朋友的推荐，也出于对设计时尚的好奇，终于下定决心抽了一个星期的时间去米兰一睹真容。

"米兰设计周"（Milan Design Week）又称"米兰国际移动沙龙"（Salone Internationale del Mobile Milano）、"米兰国际家具展"（International Furniture Fair of Milan）或"米兰家具博览会"

一、2011 米兰设计周——50 周岁的设计节

"米兰设计周"创办于 1961 年，至今已有了 50 年的历史。虽然设计周活动历史悠久，但是你永远不用担心它每年的新鲜程度，曾经有媒体夸奖米兰设计周是"越老越年轻"。对米兰这个城市来说，米兰设计周是一个深入到城市每个角落的设计盛会，因为它既包括 Fiera 的国际家具展、照明展和卫星展等，还包括了大量的外围展。在设计周期间，有设计周标志的展厅、展场遍布整个城市，各种开幕式、鸡尾酒会排满设计周的每一天。对于每一个观展的人来说，要想把所有的展厅"一网打尽"，一个星期的时间是远远不够的。

经过几十年的积淀，米兰设计周的主要活动包括如下内容：

位于 Fiera 主展馆的展览：

1. 米兰国际家具展 International Furniture Fair of Milan（一年一次）
2. 卫星展 Salone Satellit（一年一次）
3. 国际家具配件展 International Furnishing Accessories Exhibition（一年一次）
4. 国际灯具展 International Lighting Exhibition（奇数年举办）
5. 国际厨房家具展 International Kitchen Furniture Exhibition（偶数年举办）
6. 国际办公用品双年展 International Biennial Workspace Exhibition（偶数年举办）
7. 国际卫浴展 International Bathroom Exhibition（偶数年举办）
8. 国际家具工业配件和半成品展 International Exhibition of Accessories and Semi finished Products for the Furniture Industry（偶数年举办）

分布在城市各个角落的外围展：

托托那设计周（Tortona Design Week）
三年展设计博物馆（Triennale Design Museum）
布雷拉设计区（Brera Design District）
蒙蒂·拿破仑街（Via Monte Napoleone）
……

二、Salone ——"设计"Vs"Design"

到了米兰国际沙龙家具展（Salone）的主展场，才知道建筑师应该来看这个展览，——位于 Fiera 的主展览场馆本身就是一个很棒的建筑！撇开其极具设计感的外形，基本流线设计的合理性、高效性就比国内许多新建的同类型场馆要高出一筹。而且，你可以发现，展场内许多顶尖作品的设计师中有不少就是建筑师，可见建筑师首先必须是一个设计师。

Salone 展场分为古典家具、现代家具、办公空间、照明展、卫星展等几部分。由于个人偏好的原因，我对于古典家具的两个展厅一带而过，并没有浪费太多时间。据说，这两个展厅正是对观展人最"戒备森严"的——谢绝照相，

图 1　Salone 入口广场
图 2　Salone 中央步道
图 3　Salone 展馆
图 4　国际办公用品双年展现场

理论·视点 Theory·View

图5 国际灯具展现场
图6 地铁中的卫星展海报
图7、图8、图9、图10、图11、图12、图13 国际灯具展现场

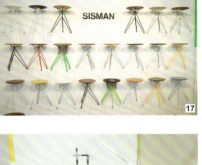

图14、图15、图16、图17、图18、
图19、图20、图21　卫星展现场

尤其警惕"摄影爱好者"……在其他场馆，世界知名的设计机构、品牌产品的展位鳞次栉比，美不胜收。作为一个第一次光顾 Salone 的建筑师，我的感觉是兴奋得有点不知疲倦——在展场里整整走了两天，每天都是在相机电池耗尽的时候才想起找地方吃东西。所有的产品制作、设计表达、展示场景都极其完美、精致，又显得轻松、自如。

看了两天的 Salone，我越来越感受到了国内外设计作品在"气息"上的巨大差异。我所常见的国内设计师的作品多体现出殚精竭虑、深思熟虑的特征，正如"设…计"（设：想方设法、绞尽脑汁。计：计谋、计策）一词所描述的——绞尽脑汁得到一个计策；而国外设计师的作品多流露出轻松、率真、本性流露，就像"De…sign"（De：重点、强调。Sign：标记、姿势）一词那么简单——把某个姿势（或状态）固定下来。

要"设计"还是"Design"？看来，设计不应该绞尽脑汁，而只需要把脑中的想法呈现出来。也许，本来我们就误读了"Design"的释义……

三、卫星展——"设计"是一种态度

与主展场的大牌云集、美轮美奂相比，卫星展的展场稍显"寒酸"，多为小型设计机构、学生、年轻设计师的展位。也许，正是因为卫星展的主角多为年轻学生或崭露头角的设计师，因此其参展作品更具有实验性、创造性，其前卫、新鲜的面貌是其他主展馆所没有的。

以一个从事设计教学的教师眼光来看，卫星展的作品由于没有大厂商的过度包装，其原真性、爆发力更有学术价值。许多作品体现了设计师对生活场景和生活细节的思考和观察，如图15、图21所示的两组"坐具"均出自日本小公司之手，其创意简单轻松，却不乏生动、丰富；图16、图18所示的均为青年设计师自己的生活空间，其生活方式一目了然。在这里，"设计"是一种态度，诚实地表现了设计师的立场和设计哲学。

确实，对设计师来说，有时候"态度"要比"设计能力"更重要——因为选择"设计什么"往往要比"怎么设计"更重要。设计师只需要诚实地表达你的观察、思考和性情，

图22　Tortona 设计周现场
图23　由香水厂改成的 MD Studio
图24　位于 Tortona 的一个装置展
图25～图32　Tortona 设计周现场
图33　Tortona 奔驰概念车展场

27

28

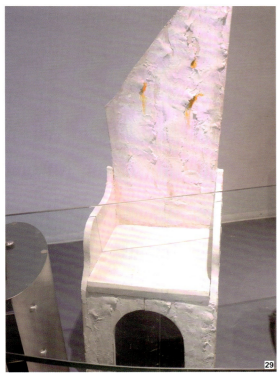
29

30

31

32

33

图34 Tortona 的 Mini 展场
图35、图36、图37 三年展设计博物馆室外展场

就能创作出好作品。严格来说，设计并没有好坏之分，只有是否"淋漓尽致"地表达了你自己的想法。

四、Tortona 设计周、三年展设计博物馆、蒙蒂·拿破仑街——"设计"是一种生活

1. Tortona 设计周

在米兰设计周的外围展中，Tortona 设计周是最吸引观展人眼球的一个地方。根据原计划，我只想在 Tortona 待半天。可是，不知不觉地，数量庞大的展厅和目不暇接的展品还是吸引了我整整一天。Tortona 位于米兰的中南部，原为城市运河边上的一个老工业区。在近10年的时间里，该地区已成功转型为一个集聚大大小小的画廊、设计工作室、书店和各种各样的艺术展览空间，类似于我们北京的798或上海的M50，只是规模略大，有近4平方公里。

Tortona 最迷人的地方在于其丰富性和包容性。这里既有概念性的装置艺术展，又有贴近实际生活需求的产品创意设计展；既有大牌厂商（如Mini、西门子、佳能）的展位，又有年轻设计师的地盘；既有来自世界各地的高校（如德国、瑞士、澳大利亚等），又有许多设计机构、创作工作室等。因此，来参观 Tortona 设计周的对象也包罗万象，既有来自全世界的专业人士，也不乏携妻带子的当地居民。可见设计周已经自然地融入了当地人的日常生活。

2. 三年展设计博物馆

"三年展设计博物馆"是意大利最为重要的当代设计博物馆，通常也是米兰设计周的一道盛宴。能够进入三年展展厅的，多为世界知名品牌或殿堂级设计大师的作品。今年的三年展设计博物馆在米兰设计周期间，做了一个以"二战"以来意大利重要设计师及其作品为对象的回顾展。虽然在主展厅内不得拍照，但是其教科书般经典的收藏作品展和设计感极佳的建筑空间还是给人以极大的愉悦。

确实，在好的建筑里看到好的展品，这是非常让人赏心悦目的事。在现实生活中，这常常成了建筑师的奢望，在很多地方，有很好的建筑，但是缺乏有分量的作品，而在有些时候，很棒的作品却没有相称的空间。三年展博物馆的室外场地也有许多不同凡响的作品陈列，如 Matteo Ragni 的红色"望远镜"（图35）、一组以竹子为材料的户外作品等，与环境相得益彰。

3. 蒙蒂·拿破仑街

蒙蒂·拿破仑街是米兰著名的奢侈品大道，在这条街道上Gucci、Prada、Louis Vuitton、Giorgio Armani、Gianni Versace、Chanel、Hermes 等品牌一应俱全。在米兰设计周期间，法国雪铁龙汽车公司赞助了整条街道的室外设计作品展（图40、图42），街道两边的许多商店也成了设计周的"秀场"，街道上空悬挂了造型独特的装置作品（图41），洋溢着节日的气氛。

看设计周外围展的一些展场，我花了两天的时间。与Fiera 主展场最大的区别是，外围展的内容和形式包容度更大，更具"雅俗共赏"的特性。一方面，你可以看到更概念、更学术的艺术展览；另一方面，你又可以接触到许多非常贴近生活的小设计、小点子。在这里，设计既是一种学术行为，又是一种与生活高度融合的行为，体现了创作者对生活的热爱，体现出很高的生活智慧。的确，从设计的角度来说，这两方面的拓展并没有高低贵贱之分，它们都来源于生活，都经过了严肃的推敲，都值得尊敬。

有别于我们的传统思维，设计本不应该只是局限于"阳

春白雪"的学术圈子,那只会让设计者黔驴技穷。好的设计离不开一定的生活阅历,设计者应该从生活中找题目,为生活服务,让设计贯穿我们的生活。因此,从某种程度上来说,设计就是一种生活。

五、设计是一种修行

整整5天的观展,对我来说是一种体力上的修炼,更是一场心灵上的修行。

设计,这一人人皆知的字眼究竟意味着什么呢?剑桥大学的霍金教授把展现量子理论预言宇宙自然定律的工作称为"大设计"[1];日本设计界教父、"无印良品"创始人田中一光认为设计可以介入大众生活,并倡导"合适就好"[2];著名设计师原研哉在其著作《Designing Design》中也提到,"设计从人开始使用工具的那一刻就开始了,……新东西不是无中生有的,是取自于对平常、单调的日常存在的大胆唤醒……设计是对感觉的刺激,一种让我们重新看清世界的方式"[3]。的确,设计天然与我们的生活不可分。离开了生活的支撑和依托,设计将成为无本之木,也将失去用武之地。

生活是一种修行,所以设计也是一种修行。因为设计是一种修行,我们要对生活格外用心——设计来源于生活,好的设计来源于用心的生活;因为设计是一种修行,我们要对设计有敬畏之心——设计的力量是强大的,如果驾驭不住它,人们可能会被自己伤到。

在设计的过程中,"立场"远比所谓的"能力"更重要。有时候选择"设计什么"就已经决定了设计的高低。所谓的"能力"可以速成,而"立场"没法速成,需要"慢养"。因为设计是一种修行,所以我们不应该"想方设法"地玩累,要本性、轻松、自然流露……

注释:

[1] 斯蒂芬·霍金、列纳德·蒙洛迪诺. 大设计. 吴忠超译. 长沙:湖南科技出版社,2011.01.
[2] (日)田中一光. 设计的觉醒. 朱锷等译. 南宁:广西师范大学出版社,2009.11.
[3] (日)原研哉. 设计中的设计. 纪江红译. 南宁:广西师范大学出版社,2010:419.

图38、图39　三年展设计博物馆室外展场
图40、图41、图42　蒙蒂·拿破仑街展览现场
图43　斯卡拉大剧院广场
图44　米兰街头的临时展位
图45　地铁口的公共艺术作品

建筑技术的蜕变
—— 从结构造型到建造基础教学八年回顾

王环宇　中央美术学院建筑学院　建筑技术教研室主任

The Evolution of Building Technology
— Review the Eight Years of Teaching From Structural Modeling to the Basis of Construction

Wang Huanyu　China Central Academy of Fine Arts　Department Director of Architecture Technology

1

建筑技术是建筑学中不可或缺的组成部分，因此建筑技术的教学也是建筑教育中无法回避的重要内容，这并不因为建筑学设立在理工科院校还是美术学院而有所不同。究其根本，一切建筑艺术的最终表达都依赖建筑技术的最终解决，所以切实解决好建筑技术的教学问题，绝不是为了敷衍专业评估，而是为了深刻理解建筑形式背后的技术机制。另外，当我们以批判的眼光看待建筑技术的价值和方法时会发现，对于建筑技术也存在着多元取向和不同层面的理解。这意味着，建筑技术并不一定完全垄断在理工科院校内，对于没有技术传统的艺术院校，出于对技术与技艺的独到理解，仍然存在着大有可为的天地。

在我校的建筑学教育中，从一开始就不想回避建筑技术的问题。在分析了自身的不足之后，我们也努力寻找自己可能的发展空间，并且确立了技术与艺术相结合的基本原则。后来的教学实践证明，这条路是可行的。正是在这一原则下，我们规划了建筑技术的发展策略，把能够突出美术院校特色的技术方向规划为重点发展的学科。

对于建筑学教育普遍认为困难的建筑结构问题，我们认为，之所以认为难，是因为在理解上出现了瓶颈。这个瓶颈的原因有二：第一，教学环节与实践环节脱节。教学内容中有很多的结构计算或者估算，在设计实践中起不到什么作用。第二，工程师主导的技术教育。结构一般都丢给土木系教师进行讲授，由于结构工程师对建筑设计思维的不理解，给出的结构理念并不能全面涵盖建筑学对同一概念的认识。

有了以上的认识，我们决定开拓一条适合自己的道路。初始就致力于发掘技术与艺术结合的潜能，我校的结构课程一直以特色课程的姿态发展着。经过八年的积淀，逐渐形成了一整套的教学理念和教学方法。梳理起来，大约经历了三个认识不断发展演变的阶段。

一、第一阶段：结构造型阶段（图1～图8）

课程名称：结构造型
核心理念：技术方法艺术化

建筑是一个有生命的肌体，结构是支撑这个肌体的骨骼。就如同各种各样的骨骼造就了万千生灵的千姿百态，丰富多彩的结构类型构成了大千世界各种奇妙的建筑形式。建筑师的主要工作就是把抽象的结构概念转化成具象的建筑造型，展现建筑中力与美的统一。我们的教学就是希望从造型角度去认识结构，让学生喜爱结构，理解结构，懂得表现结构美。

在以往的教学中，对比美院学生和理工科学生可以发现：一方面，美院学生理工科基础弱，结构知识差，对自己的设计的可行性缺乏信心，这一点严重影响了他们造型创造力的发展；另一方面，国内的结构教学也难以适应建筑学专业要求。即使是在理工院校，学生的理工科基础并没能有效地转化成造型的表现力。这是由于在结构教育领域建筑师的缺位造成的。然而在建筑行业里，建筑师更看重的是结构形式对于建筑造型的影响，结构工程师则更看重结构的可靠性。前者针对的是结构的美学研究，后者针对的是结构的力学研究。同样一个结构概念，二者的理解可能不尽相同。

建筑学的结构知识应该是植根于建筑设计，即从造型的角度理解结构，而不是从抽象的概念和计算方面来理解。结构作为建筑的骨架，对建筑物起到支撑作用，因而对建筑形式有着内在的影响。建筑结构造型的概念是一种建筑结构与建筑造型的有机联系，是一个力学合理性与艺术成美的结合点。我们希望通过这个课题，能够提高学生设计方案的可行性，增加自信；同时能够丰富建筑造型语汇，增强表现力。教学方法是从建构的角度出发，把结构看成立体构成和空间构成中的元素，运用造型艺术规律来组织建筑结构，掌握结构的造型语言。

教学包括讲课和课程设计两方面。讲课的内容兼顾造型设计的方法和结构体系的原理，其中包括：（1）结构造型的意义：从建构的角度认识建筑与结构的关系；（2）结构美：技术美学的原则与表现；（3）结构造型的研究方法：从造型艺术规律来学习和创造结构；（4）结构造型元素：点线面构成与结构元素的关系；（5）直线型的结构类型：框架、桁架、拉索等；（6）曲线型的结构类型：悬索、拱、曲桁架等；（7）空间形态的结构类型：网架、网壳、索膜结构等；此外，还有大量的案例分析。

课程设计以短课题的形式进行，主要练习各种类型结构的造型表现。短课题内容是：某公园内举办一个博览会，需修建一些临时建筑，用作展示、观景、休息、售卖等功能。要求建筑必须有屋顶，可以挡雨，但不必一定有围墙。建筑用地红线范围是15米乘15米，屋盖下建筑面积不得小于100平方米。室内净空大于3米，建筑限高为12米。要求造型新颖，结构形式合理，便于快速建造。短课题时间为两周一个周期，共进行三个周期，设计三个方案，分别用到三种结构类型：直线形的结构类型、曲线形的结构类型和空间形态的结构类型。

作业主要以模型的形式进行，因为模型是最直观、最有效的理解立体造型的手段。从设计开始就要求学生直接使用草模，反复推敲的过程就是修改草模的过程。模型不仅仅是视觉的表达，也是一种触觉的感受，而且最重要的是，它可以在一定程度上体现出力在建筑中所起的作用，这种真实感是平面媒体所无法取代的。

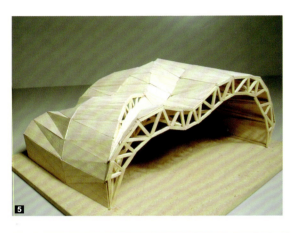

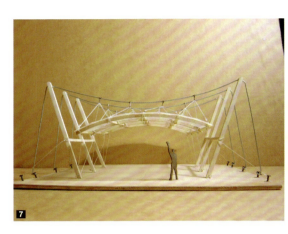

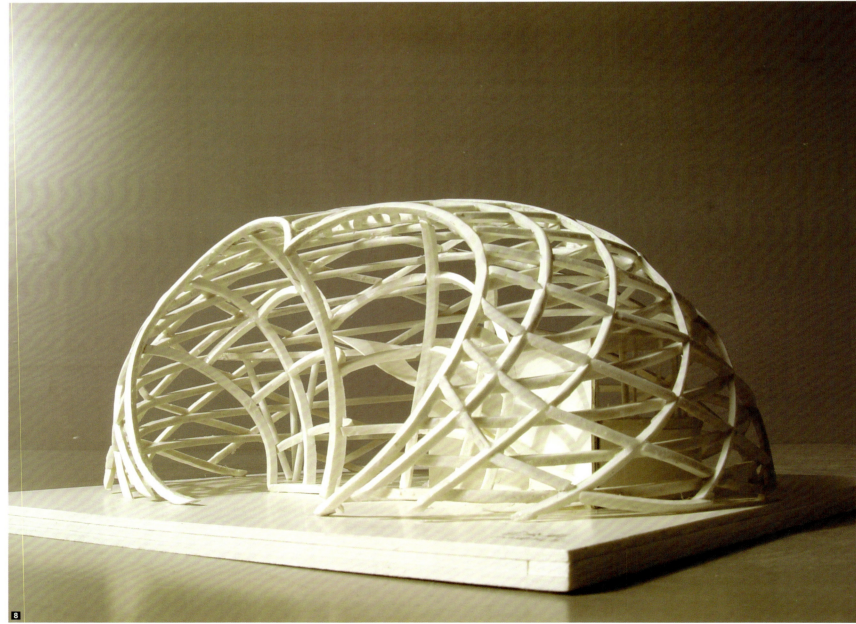

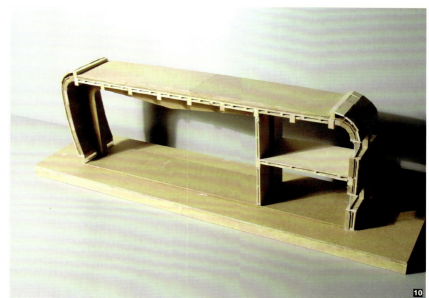

二、第二阶段：功能-空间-造型-结构一体化阶段

（图9～图16）

课程名称：建造基础

核心理念：技术价值回归建筑设计

结构造型教学经过几年的摸索，也发现一些问题。早期由于功能比较含糊，建筑空间生成的依据不足，造型容易失去建筑的目的性。问题的根源在于，不应该为结构而结构，而应该是为建筑而结构。于是对原有的课程设计从理念到题目都进行了调整，并重新组织构建了知识点。在随后的课程中，注重"功能-空间-造型-结构"形成环环相扣的整体。学生在从空间到造型转化的过程中，一直在思考用什么样的结构来表现这个功能空间的气氛，结构成为空间表现的手法和语法。

建筑是建造的艺术。这一阶段以建造为核心，整合了若干相关的技术课程。我们在立足教学特色的基础之上，努力将本课程建设成自己的精品课程。课题注重从建造因素中的结构和构造两方面出发，加深学生对建筑的全面理解。其中，结构是建筑的骨架，而构造则涉及建筑的表皮形态，决定着建筑的最终视觉效果。课程强调构造、材料和细部因素在建筑中的合理设计，既提供有效的技术解决，又要考虑富于趣味的视觉表达。

课程设计的题目转换为售楼处设计。这样在其中就增加了功能空间的内容，以功能空间引导造型的发生和结构的表现，并且也涉及细部设计的层面。课程周期因此也转变为八周的长课题。最终的成果不仅仅是结构造型的模型，也包括局部断面的放大模型，以推敲细节的表现。此外还要求有相应的图纸，来满足更全面展现"功能-空间-造型-结构"一体化设计的内容。

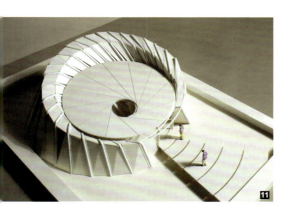

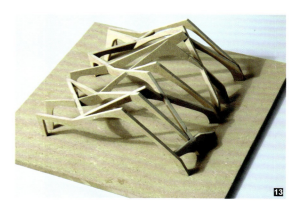

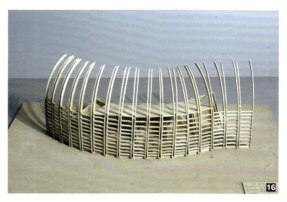

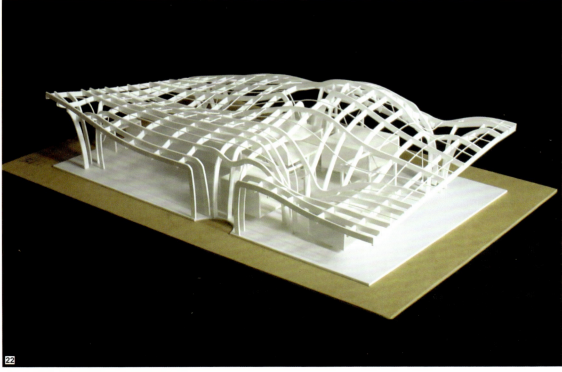

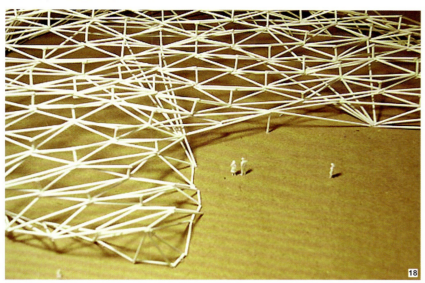
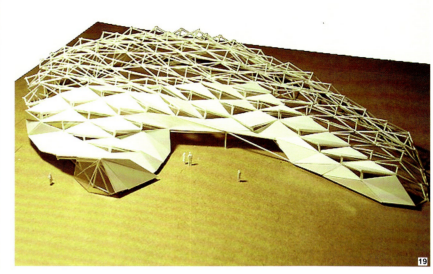

三、第三阶段：结构感阶段（图17～图24）

课题名称： 建造基础2
核心理念： 发掘技术意识的潜作用

对于结构这个问题，建筑师侧重造型的设计，结构工程师则侧重工程的计算。这就像艺术家和医生都要学习解剖学一样，其目的是不一样的。艺术家的目的是通过学习骨骼结构更好地了解人体，为艺术创作打下基础；医生则是为了以后研究病理而学习。由于目的不同，二者学习的深度和侧重点会有很大差别。结构工程师是严格按照定量的方法进行考量，建筑师则更多依赖定性的概念和感觉。

培养建筑师的结构素养，应该侧重"一个核心、两个方面"，即"以直觉感受为核心"，从"不同结构类型的造型表现力"和"不同材料的结构特点"两方面组织教学。在造型设计领域，"感觉"比理性的认识更为重要。因此，在给予学生一定的结构知识之后，一定要注意培养造型的"结构感"。

结构感是对力与形的宏观掌控能力，是建筑师应具有的一种技术意识。技术意识是一种模糊思维方法。首先，技术意识应能确保技术方案具有一定的可行性，其次，还能在出现问题的时候，根据掌握的知识和合理的逻辑，提出解决措施。最重要的是，能够把技术因素看成是建筑设计的深层动力，因而有愿望去主动探索技术、表现技术。最终能在一定程度上，依据技术原理，提出前所未有的新方法。最后一点也被称为建筑中的技术创新意识。

重新调整的建造基础2课程，选取汽车4S店前店作为设计课题。汽车一直是流线型设计的先锋，而当代建筑中也不乏这类有机形的设计。特别是现在建筑设计使用的电脑软件，也包括以往属于工业设计的Rhinoceros等。在教学过程中，我们还邀请了美院设计学院汽车专业的教授为我们开设讲座，并参观了汽车专业的工作室，其模型工艺、喷漆工艺都给我们以很大启发。

课题依然安排了配套的结构造型原理和结构体系的讲授，对结构的运用仍然是重要的知识点。但是并没有像以往那样刻意地规定对结构类型的运用，而是把结构技术的内容溶解在设计之中。我们认为，并不存在两类建筑，一类有结构造型，一类没有结构造型。只要是能建起来的建筑，只有一类，那就是符合技术规律的建筑。

随着时代的发展，表达手段也有了长足的进步，从纯手工制作过渡到数字激光制作与手工结合，并适当利用电脑辅助设计。电脑设计是一个大趋势，其优势在于精确和量化，但是对于"结构感"的培养，仍然需要亲手压一压、弯一弯，感受其中可能脆弱的部分。

四、小结

通过多年教学，我们发现对技术的理解不是只靠一点突破就能解决的，而需要连续、系统的教学才能逐步培养起来。因此，建造基础系列课程的设置须贯穿在本科一、二、三年级之中，并采用渐进式的教学方法。

从结构造型到建造基础的八年教学实践，总结出以下几点原则：

1. 实用而且适用的技术教学原则：根据建筑学实践工作所需的技术内容合理配置教学要点，并兼顾美术院校学生的知识背景，扬长避短。

2. 技术与艺术的结合：突出美术学院的特点，注重技术可行下的造型表现，强调形式感，提倡个性化表达。突破以往教学意识，把设计与技术统一起来，形成不间断的、互相渗透的设计观念。

3. 技术意识和技术创新意识的培养：不仅灌输知识，更注重应用能力，并培养技术发展、技术创新的思想意识。

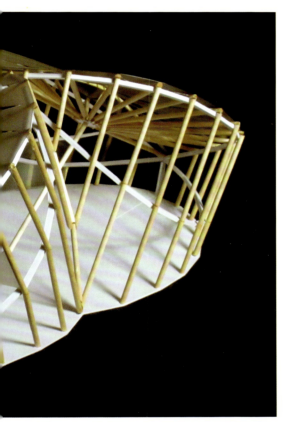

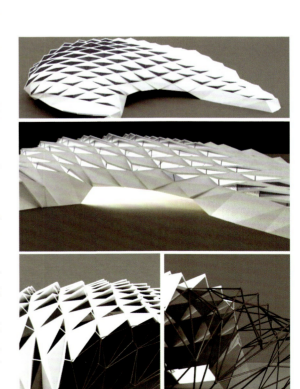

结合乡土材料的构筑训练课程

王平妤　四川美术学院建筑艺术系

Training Courses of Constructed with Local Materials

Wang Pingyu　Department of Architecture, Sichuan Fine Arts Institute

一、课程背景

建筑学教育的内容和方法，一直是带有艺术院校背景的建筑学专业教学研究、探索的关键问题。现有建筑学专业类型教育，大多承袭了工科类院校建筑学教育模式，注重专业设计课程，相对忽视对专业基础教学的探索。在基础课程中，工科类院校的建筑学专业教学，仍然延续了一种按部就班的现代设计西方教育模式，即从包豪斯发展而来的设计素描、色彩到三大构成的套路。

建筑作为文化的组成部分，如今越来越强调体现地域特性。而最能体现建筑地域性、特色性的一种途径就是建筑材料的利用与发展，尤其是地方材料。建立具有专业特色和地方文化特点的现代设计教育理念，是将地方材料、乡土材料的构造知识纳入教学体系，并使其成为设计教育课程体系中的重要"成员"与有机部分，由此将普适教育转变为特色教育、优势教育，从而确立有特色的设计教育模式和体系。

二、课程的改革与设计

1. "all in one"的教学理念与教学总体框架的构建

作为一门建筑初步的课程，延续了在此之前的立体构成课程。该课程为教学改革的重点课程，从2004年至今，逐渐完善了教学框架与内容，从开始阶段的木作构筑物的研究到近年来制作竹构筑物。每一届的学生都要在八周的时间中合作完成一个1:1竹构筑物的修建，尝试让学生"经历建筑"。营建的过程就是了解材料特性、探索结构形式、研究施工工艺与控制建造成本、团结协作的过程，在一个系统的教学体系下实现"all in one"的教学理念。由最初形态入手，建造过程中不断解决功能与构造之间的矛盾，结合后期的场地特性，综合进入最后的方案，从而达到综合为一的目标。

竹的构筑物设计，是乡土材料在设计教学中的一次有益尝试，通过增加研究和实践环节，进一步完善教学体系、丰富教学形式。课程的进度与各个环节，由教学团队在不同的阶段进行讲解与控制，协调了各个专业的教师针对各阶段的相应要点讲评，充分体现了建筑不同要素在综合营建过程中所发挥的作用。

2. 主题的设定应发挥竹子的特性

竹是一种线性材料。这种线性不单体现在它的外形上，也体现在材料本身的受力方向上。竹的纤维性特点，使得竹片在竖向上受拉较强而在横向上受压较弱，这使得竹获得了木材所不具备的弯曲韧性。如何最大限度地发挥这种本地植物的特性，将其应用于建筑营造上？为此课程提出了明确的探索目标和方式，即充分体现材料的美感，以"竹"为主，结合使用金属节点、木节点、绑扎节点的构造方式。

1

表1：课程进度与时间分配

时间段	工作形式	工作内容	进度	
1周	个人形式工作	完成方案第一稿	周三开题周末评讲	主讲教师
2周	个人形式工作	深入设计，完善工作模型和节点设计	周末评标、 分组	各专业教师
3-4周	小组形式工作	完成中标方案的平、立、剖、节点图	工程预算表，周末买材料 现场踏勘、初步定位	周三现
5-6周	小组形式工作	准备工作（如制作预制件、节点等，现场定位）	建筑技术课程教师	专业工人
7-8周	小组形式工作	现场安装	学生	

如何充分理解、利用、表现"竹"这种材料的独特性能，需要找到适合这一材料的结构方式、加工工艺，并将此结构（或工艺）和构筑形态完美结合，这也是课程教学的评价标准。课程中也应尽量把学生往这个方向引导。

设计主题：校园生活的竹设计（突出乡土材料的现代应用，强调结合校园公共空间的性质与校区环境定位，并具有一定功能与观赏性）。教学团队综合考虑，设置了3个主题，可以将校园内富有特色的景观亮点突出出来，将作业与环境挂钩。

（1）行走 walk——沿车行道、环图书馆周边水池区域（选址）

功能：行走、通行、穿越。

要点：根据不同的场地特征进行设计；具有引导性、醒目、可识别性高的构筑物。根据场地特点考虑占地方式，结合人行空间要点，体现线性空间特色。

思考：是否具有一定的遮蔽性？材料对遮蔽性的影响？其他材料的结合？高度如何控制？

（2）展示 show——图书馆、食堂等人流聚集的公共区域（选址）

功能：1. 可拆装的展示界面；2. 固定常设的展示。

要点：根据公共空间的流线组织、观看形式设计两类供小规模展示的构筑物，可供校园内部的展示、张贴、平面示意、媒体展示，高度适宜，体量不大易于搭建。

思考：界面设计与观看的行为如何结合？是否考虑遮蔽？

（3）停留 stop——校园内点状活动区域（选址）

功能：休息、交谈、观赏、游戏、等候、停靠、亲水活动……

要点：设计一个人们可以停留、休息、交谈等不同停留目的或行为的构筑物。

思考：一定是坐椅的形式？停留的目的？是否结合自行车的停靠？如何通过设计体现行为方式？可复制性如何？经济成本？场地意境的体现？

3. 乡土材料的理解与摸索

学生在建造的过程中体会到材料的独特美感，认识到材料的物理性能，材料相互连接所需要的构造方式。竹在大多数情况下被制成二维的线性构件，这种线性除了体现在形式、受力方面外，还具有面构件不具备的特殊延续性——线性可以构成自由曲面、留下富有张力感的曲面边缘。在最初的时间，学生由制作小型竹桥、竹凳等来熟悉材料的手感、交接方式，体验不同的构筑方式对建造的形态带来的变化。等熟悉了竹子的特性后，再根据竹子构筑物设计主题与场地进行方案构思，按照1：1的比例搭建起来。

参与教师：邓楠 王平妤 黄耘
周秋行 胡江渝 李勇等

图1 建造材料——竹
图2 方案草图
图3 方案投标现场图
图4 方案点评现场图
图5 方案点评现场图

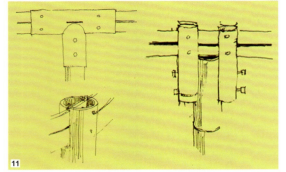

图 6　作品"竹球"概念展示
图 7　作品"竹球"方案推敲
图 8　作品"竹球"草模
图 9　作品"竹球"施工过程
图 10　作品"竹球"完成
图 11　节点思考图
图 12　节点放样推敲
图 13　节点做法 1
图 14　节点做法 2
图 15　节点做法 3

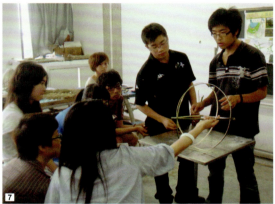

（1）探索竹笼的构造体系与改良

在课程中以生活中常见的竹笼作为形态创造的原型，利用竹笼编制的结构体系，学生在施工时通过圆环的切线制作了竹球的主要支撑结构，较好地解决了形态放大与结构施工之间面临的问题。作品与周边校园环境充分协调，创造了"通过"路径中的亮点，留给观者美妙的曲面和意味深长的曲面边缘。在施工过程中，通过两头绳索的拉接，形成竹环的预引力，再结合四周竹片的编织，最终搭建成内空的围合空间。利用内空的空间形式向上拱起合理受力，达到结构上的稳定。竹子中部直接受力必将向下弯曲导致形变，而向上拱起就能承受一定的荷载并较为稳定。实际施工时在选材、接地和建造过程中，经过反复试验，最终克服各种困难，搭建了一个圆球的竹制作品。

（2）研究材料的编织与绑扎技术

以"停留"作为构筑物的主题，设计供学生坐、交谈、停留的空间。以几条主要的竹茎作为支撑结构的主体，并利用竹的弯曲与韧性创造了柔美的编制空间，利用竹筒作为座位的支撑结构，优化了模型中的节点，力求实现模型创造的曲线形态。

（3）利用材料特质与现代材料结合的节点处理

竹子的韧性与弹性是材料的最大特质，以"通过"作为构筑物的主题，在路径上设计穿越的空间。利用竹的弹性制作了扇形的单元结构组件，通过简单扇形结构的重复放置，创造了穿越式的空间体验。其最大的特点是扇形单元的制作节点，尽可能地减少了竹的占地面积，争取空中联系而设计的支撑构件，降低材料的使用量，发挥了材料的特性。

三、结语

建筑初步课程的探索与实践，来自建筑学和景观建筑设计专业的师生就"建筑专业基础课如何上？"这一主题展开的讨论。通过实现部分学生作品完成构筑训练的课程，"校园生活的竹设计"以绿色建材为载体、材料认知为核心，把不同命题具体到可操作层面，从而实现从形式——材料——构造的最终统一。以此来尝试地方材料在基础教学课程中的角色，让材料的特性发挥出来，是对构造基础知识和审美能力培养的基础。

图 16　案例成果图 1
图 17　案例成果图 2
图 18　案例成果图 3
图 19　案例成果图 4
图 20　案例成果图 5
图 21　案例成果图 6
图 22　案例成果图 7

停留——STOP（案例）

班级：四川美术学院建筑艺术系 2008 级
时间：2009 年 6 月—7 月
地点：四川美术学院新校区
小组成员：石梦竟 陈秋雨 舒瑞琪 聂希岷 熊濯之 刘贺玮

方案前期过程：

方案通过设计—修改—竞标—优化，最终确定了石梦竟的构思方案。实施方案在原有基础上作了调整。为了充分表现设计的曲线流动性，增大其内部空间，我们将原模型的直线框架结构全换成弯曲的竹片，使外观更和谐。竹子的韧性由此更得以体现。

经过前期的市场调查，一组同学从菜园坝买回基础和部分主梁用的楠竹，二组从绪云山买回主料的竹子材料。对竹材料的加工是自己劈自己砍。

图 23　方案海选模型
图 24　小组讨论
图 25　材料运输及场地整理

地基：

这是我们遇到的最大困难。由于设计涉及竹篾的牵扯力，基础必须很牢固。于是我们采取打桩铺地梁的方式。这样的基础既能稳固，外观形式又疏密有致。

图 26　桩基定位
图 27　桩基施工 1
图 28　桩基施工 2
图 29　桩基施工 3

材料的预处理：

基础选材为楠竹。根据设计要求，部分楠竹破开成四块，锯成一米长的基柱，用来做弯曲的主梁。根据设计要求对楠竹进行加工，并对竹条进行刷漆处理。

图 30　开竹料
图 31　刷漆处理

现场安装：

实际做起来却没有设想的那么简单，竹子的弧度、造型和弯曲性能很难把握，所以一开始进行得不是那么顺利。后来大家经过讨论，总结了经验，加上熟练程度的提高，我们越做越顺手了，外棚顺利搭起来了，一期工程顺利完工。其次开始做坐区部分，虽然之前做了深入的设计与结构优化，但根据实地地形和情况，我们对其进行了更深一步的优化和改进，使其造型和结构更符合场地的实际情况。最后大家一起合作完成了上漆的工作。

图 32　搭主体框架 1
图 33　搭主体框架 2
图 34　搭顶棚
图 35　棚与主梁捆绑
图 36　铺路

总结：

结构优化是我们持续时间最长的设计环节，一是为了稳固，二是为了坐着舒适。我们分析了受力情况，由两根主要的竹篾加上其他细竹篾的相互交叉来做骨架，入土处都是通过打桩来固定的。为了坐着舒适，我们放弃了之前从地面延伸上来铺竹篾的设计，表面的竹篾只铺了一部分，使坐下的人再站起来更容易。

图 37　最终成果图

"边缘"训练

何为、何浩　　清华大学美术学院

记一次清华美院环艺专业学生在瑞士 ECAL 的工业设计课

"EDGE" Training

He Wei, He Hao　　Academy of Arts & Design, Tsinghua University

A Record in Swiss ECAL for a Course of Industrial Design,Which for the Students Who Were from the Department of Enviromental Art Design of Academy of Arts & Design, Tsinghua University.

一、课程内容与作品介绍

2010年4月，为庆祝中国瑞士建交60周年，两国分别挑选了本国顶尖的一所艺术设计学院进行一次学术交流活动（中国清华大学美术学院和瑞士洛桑艺术与设计学院）。在瑞士驻中国大使馆的帮助下，两校经过多次协商确定了活动的方向、主题、成员名单、时间和地点。瑞方建议组织一次工业产品设计的暑期实验课，清华美院经过反复斟酌，最终确定以环艺专业为主的8名学生来参与本次活动。

历经4个月的前期准备，2010年8月21日，笔者等一行8人在清华大学美术学院苏丹老师和赵超老师的带领下，来到风景如画的瑞士小城洛桑，同瑞士ECAL（洛桑艺术与设计学院）的师生一起进行了一次以节水为主题的workshop交流课程。课程要求以家庭为单元，设计适用于厨房、卫生间或庭院的小型节水工业产品。

8月23日到27日的5天时间里，清华大学美术学院的同学与瑞士ECAL的学生共同组成小组，经过了资料收集、构思、讨论、模型制作、改进等阶段，最终完成了产品设计。

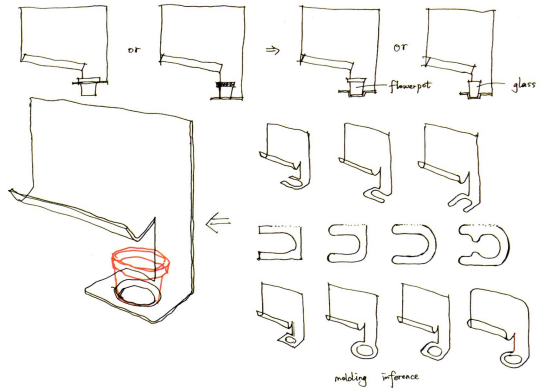

图1、图2 "水镜"设计概念推导图
图3、图4 "水镜"初步方案（草模）

1号设计作品：WATER VAPOR MIRROR / 水镜（图1～图8）
设计者：何浩　Jerome Raymond
设计说明：

"Water Vapor Mirror / 水镜"由浴室内梳妆镜改造而成。设计的亮点在于镜子下端延伸出一个斜向的槽。斜槽可以引流人们沐浴时凝结于镜面上的水蒸气。冷凝后看似无用的水珠滑入斜槽，最终滴落到预先放置在槽口下方的小型盆栽中。

材料：镜面不锈钢板。

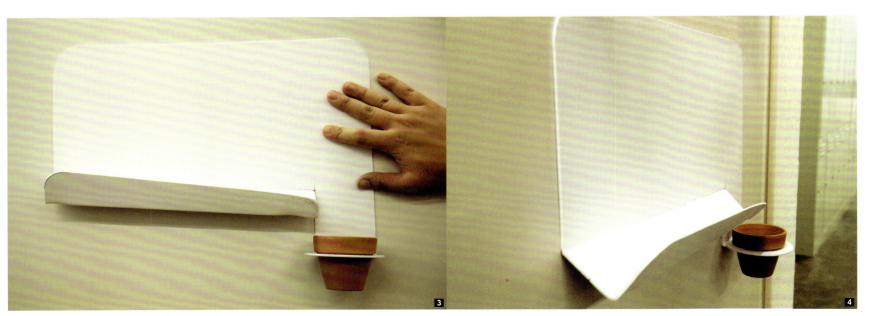

2号设计作品：RAIN POT / 雨壶（图9～图14）

设计者：何为　Lucien Gumy

设计说明：

节水并不仅仅意味着收集，而在于将其有效的利用。"Rain Pot/ 雨壶"的设计重点正在于此：一方面它可以打开成为一个具有优美弧线的雨水收集器；另一方面它能够在雨后晴朗之时变形为洒水壶供人使用。

材料：灰色橡胶，塑料底座，白色摁扣，铝质金属把手。

图5、图6　"水镜"成品展示
图7、图8　何浩与Jerome Raymond在Workshop结课展览中向指导老师、同学等展示作品
图9　"雨壶"使用方式展示
图10、图11　"雨壶"的不同形态
图12～图14　何为与Lucien Gumg共同展示作品

二、课程体会

日期	活动内容
8月23日	收集以图片为主的资料,寻找其中设计的亮点,整理打印贴于墙上进行展示交流。各组学生依次向大家讲解设计创意,寻找方案的切入点。
8月24日	总结前一天的资料,梳理设计思路,探讨设计概念的可行性,并与老师沟通,确定设计概念。
8月25日	绘制草图,推敲细节,在教师的指导下进一步深化。
8月26日	制作草模,发现不足,深入研究产品造型和材料,反复实验,以求得产品最佳的使用效果和完美造型。
8月27日	完成制作并将作品向老师和同学进行展示。

整个过程让我们深刻地体会到瑞士ECAL设计学院紧凑的教学方式,短短的五天学习让我们感受到一丝紧张和压力。

在课程学习中,瑞士ECAL设计学院的工房让我们大开眼界。大量的设备散乱地放置于学院地下一层的几个大房间内,机器周围、工作台和地面上都散落着各种材料的边角废料,可以看出学院的老师和同学经常在此忙碌地工作和学习。同时,集中于此的不仅有用于产品设计模型制作的设备,还有平面设计印刷的机器以及其他专业使用的工具,以此吸引各个专业的学生都到一起共同使用这些设备。这种跨学科的工房设置,为不同专业的学生相互交流和探讨提供了机会,也让他们更全面的认识和了解了其他学科。

这段时间里,最让我们羡慕的是欧洲几百年形成并延续下来的完整的设计体系,如同藤蔓般安静地攀爬,延伸到每一个角落。ECAL作为其中一片枝叶,向我们展示出的严谨的设计流程,支撑并鼓励着这里的学生最终成为优秀设计师。而这在只有短短十几年设计历程的中国是难以企及的。

欧洲优越的设计大环境同样令我们激动不已。在这里,设计是备受尊重的行业,设计师也是令人倾慕的对象,不管是政府还是普通民众都重视设计、鼓励创新,因此,有思想的设计师层出不穷,他们每天都在创造世人意想不到的优秀设计作品。

三、国际交流学习的意义与价值

为期五天,紧凑高效的Workshop实验课程让每一个参与其中的学生倍感压力。相比国内的艺术设计类暑季小学期较为轻松的课程形式,瑞士洛桑ECAL设计学院向所有中国学生展示了一套完全不同的小型课程的教学理念。从资料搜集调研,到概念的提出,再到最终的制作完成与汇报,紧张的节奏感凸显了外国设计教育工作者对于教学

的投入，而这份热忱也正是此次活动中最让我们感动的地方。

通过这次交流，我们认为非工业产品设计专业的学生利用假期时间参加国外跨专业的学习是十分必要的。从ECAL的工房实验室的布局，就可发现他们非常重视各专业学生间的互动。如今中国的设计教学也开始意识到学科交叉的重要性，但当面对现实的种种障碍时，往往是无计可施。瑞士ECAL的工房布局或许能为中国目前面临的问题提供某种借鉴，而这也是我们必须走出国门亲身体验后才能发觉和感受的。

在参与此次活动前，笔者猜测西方的教学模式强调的是平等；而当我们真正投身其中时，才体会到瑞士教师与学生内心中那份冷漠与坚持。当然，这与他们的民族性格不无关系。但更重要的是，笔者发现此次实验课瑞士方指导教师Nicolas是将对学生的指导视为自己专业方向的一次研究实践，他个人体现出的强硬作风也从一个侧面解答了为什么在设计领域西方远远强于我们的原因。

在瑞士课余参观期间，我们意外地发现ECAL学院对于其设计作品的商业推广和文化宣传的重视程度。街头巷尾，笔者总会在不经意间看到署名ECAL的大小商店，其中的产品正是该学校师生的作品。但这种直观的商业行为却并不恶俗，在苏黎世博物馆介绍瑞士近代历史的展区里，ECAL的设计作品陈列于其中，成为瑞士文化符号中的一部分。这种商业与文化并重的学校教学模式值得所有中国院校深思。

回顾此次瑞士之行，在这短暂的海外交流学习期间，我们开拓了眼界，较好地融入以ECAL所代表的西方设计学院的专业教育语境；设计概念和构思在探讨与推敲的过程中不断完善和深化，最终作品得到了双方教师的高度认可。然而，我们必须承认在设计领域中的诸多方面，面对西方的主导地位，中国目前仍处在一个尚未完全开化的窘境。这次跨专业的海外交流学习，将我们推向两个领域、两个世界的"边缘地带"，其活动的意义和价值正是告诉我们要认清自身尴尬的"学子"身份，在徘徊中寻找属于自己的领地。

图15　同学将各组思路概念贴于墙上，启发灵感
图16、图17　教师对学生作品最终展示汇报予以批评
图18、图19　作品制作
图20～图23　教师指导

创新与实践
—— 艺术设计研究生教学新模式的探析

彭军　天津美术学院

Innovation & Practice
— The Explore of a New Teaching Mode of Art Design Postgraduate Students

Peng Jun　Tianjin Academy of Fine Arts

随着以创新为理念的知识经济时代的到来,以新思路探索新的教学模式、加强研究生专业素质教育和创新能力的培养,已经成为21世纪高等院校人才培养的重要课题。这是高等教育向更高层次发展所必须解决的问题。从重视对研究生专业能力的培养,到强调学生综合素质和创新能力的全面提高,是我国现代教育思想的又一次大的飞跃。研究生专业设计教学不同于本科生教学,它应与现代社会的进程及科学技术的发展结合得更为紧密。在这一阶段的教育过程中,对研究生科学研究素质、创新能力、适应社会等能力的培养无疑是十分重要的。因此在专业设计教学中,通过产、学、研一体化的教育模式,创新教学内容、探索改革手段,并通过实施情况的反馈及时加以改进,最终寻找出一套适应现代艺术设计研究生人才培养的专业教学新模式。

一、国内外艺术设计教育现状

目前,从我国现有的专业人才层次看,高新技术领域人才、熟悉市场经济的创新复合型艺术设计人才极为缺乏。要适应现代社会的需要,就必须加快专业设计教学模式的改革,面向市场,培养创新性复合型艺术设计人才。

传统的艺术设计教学模式虽然有系统性较强的一面,然而缺乏创造性,容易使学生养成按部就班、因循守旧的习惯。现行的研究生教学模式一般是学生除了修完共性的学位课程后,跟随导师完成其他大部分的学习与研究工作。导师的专业水平、研究能力和项目开拓能力,直接决定了其学生学业水平的高低。一些研究生导师的教学内容、教学手段、课题设置等教学环节缺乏新意,缺少与专业课程有关的社会、经济、科学和人文等内容,教学方式趋于程式化,学生的学习热情难以提高。同时学生在选题、研究方式的制定上大多只能依赖于导师,缺乏应有的独立性;在研究过程中发现问题和解决问题的能力也比较弱,直接影响了他们的专业素质和创新能力的培养。这似乎形成了研究生教学的"八股"模式。加之各大院校扩大招收研究生,严重影响了学生的入学质量,目前的研究生水平趋于本科化已是不争的事实。因而,如何提高学生专业水平与社会能力,在教学环节中亟待我们进行认真思考与科学修正。

研究生学习期间的专业设计实践与理论研究,是学生综合运用理论知识和培养创新意识与能力的一个重要阶段。因此,我们应针对艺术设计专业的特殊性,完善科学的教学模式,以社会急待解决的设计创新课题为艺术设计教学研究的内容,加强实用性,减少模拟性。

国外现代艺术教育非常重视学生创新能力的培养,科学的教学模式保证了学生独立思考和解决问题的能力培养。比如,组成导师组展开研究生的教学活动,而导师组是由专职导师、选聘的高水平专业设计家组成,阶段成果评判制度化、日程化,从程序上保证了课题或项目研究进度和阶段成果检查的严谨性,通过一系列教学程式,坚持对学生优胜劣汰科学评定的严肃性、公平性,从而在制度上保证了研究生的教学水平。

导师的研究内容大多为结合实际的科研课题或者是可以让学生直接参与的设计项目,通过真实项目的设计实施,使学生切实地培养以设计理论指导实践的能力。同时导师们及时介绍国际上先进的设计理论,而非照本宣科地讲解理论知识,使得研究形式多种多样。此外,专业学习的实践教学环节也比较多,除了有实验课外,还让学生参与社会的艺术设计活动,了解国内外创新的艺术设计理念、先进的技术及学科发展的动态前沿,为学生理论联系实践提供条件,使学生可以根据自己的爱好与特长进行选题,课题与实际生产相结合,整个学习过程富于挑战性。

总之,我国的艺术设计研究生教育水平虽然有所进步,但受制于固有的教学模式、较少的教学资源和封闭教学传统习惯的影响,学生滞留在教室里学习的时间比较多,往往以做模拟设计为主要学习方式,这样不利于对学生创新能力的培养,更谈不上综合素质的提高了。因此,研究出一套适合培养具有高艺术素质、有创新设计意识和动手能力的当代艺术设计人才的新型教学模式是非常必要的。

> 艺术设计研究生教学模式要适应现代社会的需要,必须加快专业设计教学模式的改革,传统教学模式缺乏创造性,制约了学生形成创新思维和专业开拓能力的培养;

二、创新与实践的设计教学新模式

创新与实践的设计教学,对于培养复合型专业人才是一种非常有效的教育模式。实践证明,这种形式培养的人才受到社会的广泛欢迎,学生既具有理论基础,又有实践动手能力,适应性很强,毕业后到工作岗位很快就能进入角色,承担起社会所赋予的责任。用这种教育方式培养的学生也有较好的思想道德,由于提早接触社会,培养和锻炼了学生团队协作和人际交往的能力。

创新与实践的设计教学模式的特点,主要体现在以下几个方面:一是在教学内容中结合真实的设计项目,有意识地在设计实践中渗透新科学、新技术、新工艺;二是在教学方式上建立实训中心、教学基地;三是在教学过程中由校内向校外、由教室向生产现场延伸;四是在教学效果上通过嫁接、转化、推广和应用新科技、新工艺,在培养出具有组织项目设计、具有创新能力的高素质设计者的同时还创造了社会效益和经济效益,进而促进专业教学向更高层次发展。

三、创新与实践的设计教学模式在艺术设计研究生教学中的应用

近几年来,本人在艺术设计研究生专业教学的过程中,通过这种对创新与实践的设计教学模式,整改了教学内容,改革了教学手段和方式、方法,并通过实施情况的反馈进行进一步的改进,取得了较好的教学效果,主要体现在:

(1) 专业研究成果:导师承担纵向研究项目,即在设计领域中研究、完善现行设计体系空白或相对薄弱的专业内容和理论体系,又使所指导的研究生直接关注专业理论研究的前沿课题。如已完成的省部级项目:《居住社区无障碍环境与设施设计》(省部级项目,2006年完成)、《天津建筑景观设计与英国建筑景观特色的比较研究》(省级社会科学规划项目,2007年完成)、《老年公寓无障碍设施的研究与计算机辅助设计》、《人机工程学与无障碍的研究》、《居住环境设计私密性问题的研究》等。

(2) 社会效益:充分挖掘本专业的潜力,与整个社会的发展寻求恰当的结合点。城市的发展为我们的艺术设计搭建了良好的展示舞台,同时我们的设计创作营造了优良的城市景观、舒适的生存环境。近年来的一些社会实践证明,创新与实践的设计教学模式是研究生理论联系实际的理想方式。

通过带领研究生直接完成具有挑战性的项目,可以使学生的专业设计和组织能力得到显著的提高,这也符合国家培养研究生专业能力的要求(图1)。

四、创新与实践教学模式应解决的问题

（1）制定一整套评判研究生"艺术素质和创新能力"的标准，改变以往专业课成绩仅凭艺术感觉和画面效果评定成绩的方法。科学而理性地分析、论证设计创意的新颖性、独特性、可行性，以保证评判的科学性。

首先，是对学生的评价观念和方法进行创新，以培养他们标新立异的勇气和敢于质疑的品质。创造力来自于创造性思维，因而培养创造性思维是培养创造力的关键，教学中，要为学生提供自由想象的空间，提供思想驰骋的天地。对每一种科学理论、每一次实验、每一项技术，教师不仅要求学生有求同思维，掌握教师所教的方法，更要鼓励学生具有求异思维、逆向思维，敢于质疑前人的结论，批判地吸收科技成果，并在已有的基础上进行大胆创新。

其次，要在管理制度上创新，鼓励研究生自主创业、在专业市场运作中去提高专业能力。因此，必须改变传统的教育思想，采用科学的内容与激励的方式，促进学生创造性潜能的发挥。

（2）导师是艺术设计研究生教育的设计者和知识的传授者，只有提高导师的综合素质，才能保证培养出优秀的艺术设计人才。因此，需要研究探讨如何提高导师自身素质的办法，并制定相应措施。

通过加强实践教学环节，可以提高导师的责任心并促进其知识更新。加强实践性教学环节是以能力为重点，培养学生熟练的技能和综合能力，实现理论与实际、教学与生产有机结合的有效途径。提高实践教学质量的关键在于拥有一支技高一等、艺高一筹的专业导师队伍。

（3）进行创新与实践的教学改革，必须建立"产、学、研"合作教育基地。"产、学、研"合作教学使人才的培养过程处于学校和企业或学校和研究单位，即学校和社会两种环境协调下进行，因而要实施这种教育模式只以学校一方为主体是远远不够的，必须建立或选择适合专业人才培养和实践的有效基地。这种基地可以是校外的企业也可以是校内的企业，还可以是导师自办的专业实体，从而逐步形成新型的教学体系。

（4）创新与实践的教学体系要把完成教学任务和完成科研、社会实践统一于一个过程之中。"产、学、研"合作教育是在学校和企业、科研单位的合作下进行的，学校有教学任务，而企业和科研单位有生产和科研任务。必须把这些目标统一起来，精心组织，周密安排，使培养人才同完成教学、科研任务处于统一的过程之中，这样才能调动各方积极性，保证、支持"产、学、研"合作教育的有效实施。

> 创新与实践的设计教学模式对于培养复合型专业人才是一种行之有效的教育模式；
> 研究生教育必须有超前的教育观，
> 具有早期预测经济发展的能力，
> 根据社会发展的需求，
> 在课程设置、教学模式等方面进行科学的改革，
> 高起点、高水平办学，
> 培养创新性复合型艺术设计人才。

（5）创新与实践的教学形式和做法要从实际出发，不能单一化。社会对应用型人才的需求是多种多样的，高等学校的层次、科类、所处的地区和环境也是千差万别的，必须根据培养人才的层次不同，科类、规格不同，采取多文化的形式和做法，因地制宜、因校制宜；可以工读结合，也可以研读结合，全面培养人才的知识、能力、素质和道德。

（6）实行创新与实践的教学模式，必须根据人才培养的目标和规格对培养过程进行总体的设计，要对原有的教学计划有所突破。通过创新与实践的教学模式培养应用型人才是一种新的教育模式，要很好地运用这种教育模式培养人才，必须根据人才培养的目标和规格对整个培养过程进行整体的设计，而不是在原有的教学计划下安排和组织教学活动。要全面制订培养计划，合理设置理论课程体系，精心安排实践环节，制订出符合产、学、研合作教育规律的教学计划。

（7）要在教育观念上创新，培养具有国际化能力的复合型人才。从目前来看，在传统专业教学体系的模式下，学生掌握知识的能力虽然较强，但运用知识的能力却相对较差，体现在动手能力弱、适应性不强等方面。

面对现代社会的机遇和挑战，高等院校如何培养适应社会变化的复合型研究生人才将是高等院校间的重要课题。要培养具有国际化能力的强智能、高素质、综合性的新型人才，研究生教育必须有超前的教育观，具有早期预测经济发展的能力，根据本校实际和社会发展需求，在高起点、高平台上办学，要在课程设置、人才培养、学制、办学宗旨等多方面进行大刀阔斧的调整，注意培养高新技术产业、中介性行业及入世后需求量增加的人才，以及具有国际知识体系的人才。

五、前景与展望

21世纪的时代精神就是创新精神，21世纪的教育是以培养创造性复合型人才，使之以走向世界、与世界对话、参与国际竞争为目标。因此，以教学、科研与高新技术的研究与开发相结合的高等院校的创新与实践的新型教学模式，是实现既定目标的理想模式。

图1 课堂教学图片

"呼啸的隧道"
—— 重庆三线建设博物馆方案设计

黄耘　四川美术学院

The Roaring Tunnel
— The Design of Chongqing Sanxian Developing Museum

Huang Yun　Sichuan Fine Arts Institute

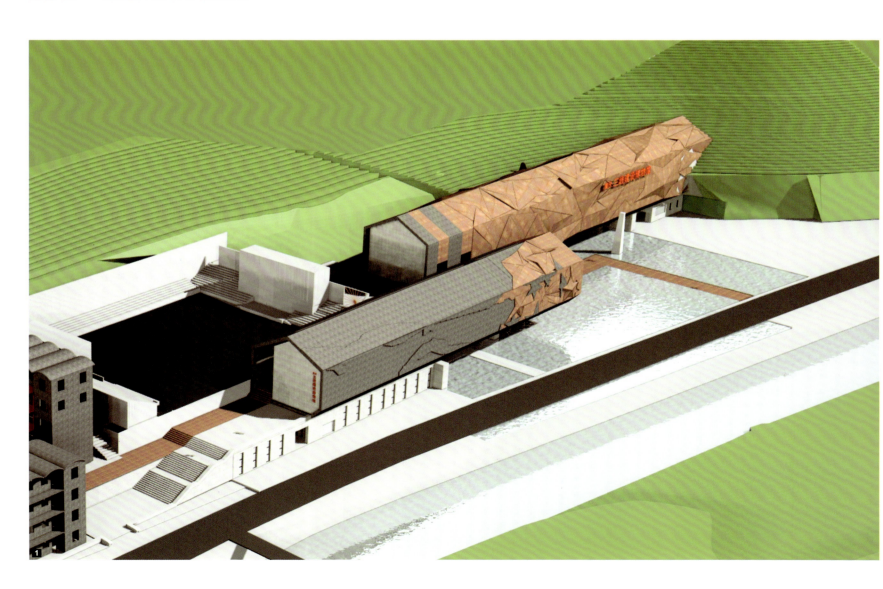

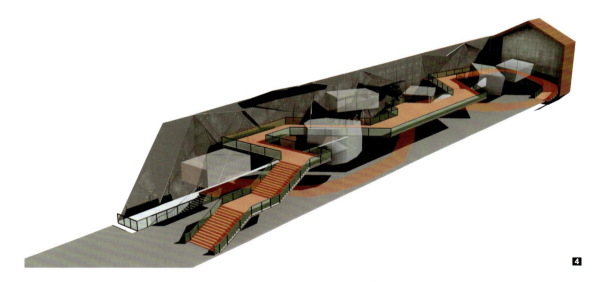

一、关于三线建设

从1964～1978年，在中国中西部的13个省、自治区进行了一场以战备为指导思想的大规模国防、科技、工业和交通基本设施建设，称为三线建设。它历经三个五年计划，投入资金2052亿元，其决策之快、动员之广、规模之大、时间之长，堪称中华人民共和国建设史上最重要的一次战略部署，这对以后的国民经济结构和布局，产生了深远的影响。所谓"三线"的范围，一般的概念是指，由沿海、边疆地区向内地收缩所划分的三道线：一线指位于沿海和边疆的前线地区；二线指介于一、三线之间的中间地带；三线指包括四川、贵州、云南、陕西、甘肃、宁夏回族自治区、青海等西部省区及山西、河南、湖南、湖北、广东、广西壮族自治区等省区的后方地区，共13个省区。其中川、贵、云和陕、甘、宁、青俗称为大三线，一二线的腹地俗称小三线。

二、项目背景

2009年6月重庆市委通过决议，建设重庆三线建设遗址博物馆和遗址公园，并将遗址博物馆定点在天星沟。项目依托建设时期兴建的仪表厂遗留下来的六栋宿舍楼和一个露天电影院，结合当地环境和周边用地情况，重新进行规划、设计、建设。

博物馆原址为三线兵工厂，重庆天兴仪表厂所在地。2000年天兴仪表厂搬迁到成都龙泉驿以后，原有厂房和民

主设计师：
黄耘（四川美术学院建筑艺术系主任、博士）
李勇（四川美术学院建筑艺术系教师、一级注册建筑师）
王平好（四川美术学院建筑艺术系教师）
设计团队成员：
谢一雄、罗雷、张泉、廖新川、苏锐、郭琳筠、邹镇印等
设计完成时间：
2010年5月

图1 重庆三线建设博物馆鸟瞰效果图
图2 重庆三线建设博物馆效果图1
图3 重庆三线建设博物馆效果图2
图4 重庆三线建设博物馆室内效果图1

宅全部废弃，经过10多年的风吹雨打和人为的破坏，如今只剩下六栋20世纪70年代的职工宿舍楼（建筑面积约为5572m²）和一个露天电影院（占地面积约为2500m²）。

重庆三线建设博物馆陈列展览内容，以展示重庆三线建设的历史进程、巨大成就以及由此而产生的"三线精神"为核心，突出重庆三线建设特点，体现重庆三线建设在新中国历史上的重要地位及其为我国国防建设和改革开放作出的积极贡献。

这是一个很有意思的项目，也是一个与以往不太相同的项目。在策划阶段，项目组内的每一个人都很投入，大家无不被那句"献了青春献终生，献了终生献子孙"的话所震撼，无不被"三线精神"所感召。

三、设计策略

项目的设计重点是重庆市南川三线建设遗址博物馆，大的构思理念就是尽量挖掘三线建设的人、事、物、精神，将其充分体现在遗址博物馆的建设中。项目的亮点是主馆的设计，其立意就是要纪念"三线建设"的精神，那种忘我的奉献和牺牲精神，在今天这个精神稀缺的时代，也是值得发扬和纪念的。即使是在场地的设计策略上，我们也力图通过空间的设计对这种精神进行颂扬（图1～图16）。

1. 新旧整合的总体布局

现状场地分为两个区域。一部分位于原有厂区宿舍的西北面，电影院在场地中部，东面靠近山体的开阔地为新建主馆的区域。设计团队认为，博物馆建设不再是单体建筑的设计，而是融合新旧要素的综合体。因而对原有的宿舍也排除了拆除新建的做法，新的主馆应该是连接山体和旧区的通道，也是一个展示了三线精神和时代的象征物。历史上的"深挖洞"，为新馆的形态提供了明确的方向。它应当是深入到山体里，成为连接"过去"的一个纯粹的形体。功能平面上由两个场馆平行布置，北端2号新馆与电影院相呼应，而靠近南端的1号新馆则和原有宿舍形成对应，并连接该区域。原有宿舍区经改造形成分布式的展区，并置入新的接待功能。新馆通过架空，在负一层形成大面积的水域，红色的通道联系起新旧场馆，感觉像是无限延伸的长廊引导参观者途经无字纪念碑达到新馆展区。水面的广场空间具有空灵感，静静地反映三线场馆的身影，

图5　重庆三线建设博物馆效果图3
图6　重庆三线建设博物馆效果图4
图7　重庆三线建设博物馆夜间效果图1
图8　重庆三线建设博物馆夜间效果图2
图9　重庆三线建设博物馆一层平面图
图10　重庆三线建设博物馆二层平面图

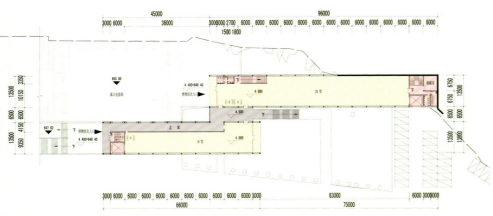

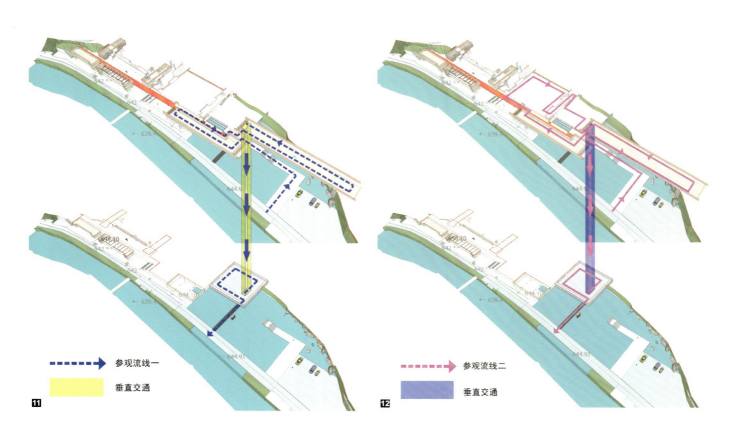

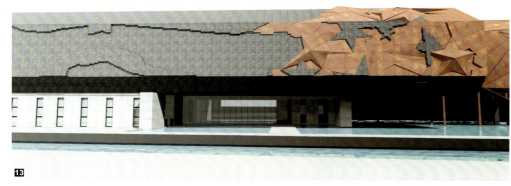

图 11　馆内参观流线图 1
图 12　馆内参观流线图 2
图 13　重庆三线建设博物馆表皮细节
图 14　重庆三线建设博物馆室内效果图 2
图 15　重庆三线建设博物馆室内效果图 3
图 16　重庆三线建设博物馆室内效果图 4

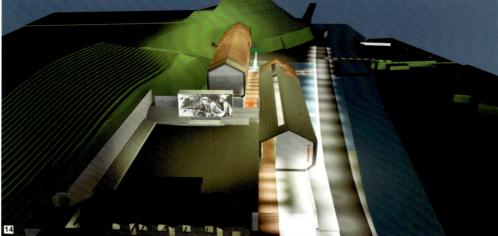

注视前方,将英雄纪念碑放在我们的身后……

2. 延伸入山的隧道——新馆的建筑设计

新馆以纯粹的形体来映衬高大的山体、沉淀的历史和嘹亮的时代。我们提炼三线厂区建设中的"隧道"、"山洞"、"厂房"为原型,形成完整的两个结构壳体。由于展品的尺度较大,新馆内部结合"S"形游览线路形成大空高的空间,适应吊装设备及大型展品的展示。平面上利用两个平行矩形的交接空间形成新馆入口。立面,采用两种不同材料,但又不是各自独立的立面,照顾到南向道路的视线,使用象征五星等具有典型年代感的视觉符号被突出。立面设计强化了这种符号,在立面视觉上夸张地利用星形图案的变异,使得图形凹凸形成起伏效果。采用何种材料,在设计中也酝酿了多种方案,最终采用了腐蚀铁板和砖,砖的不同砌筑方法产生的表面肌理,是园区内英雄主义建筑的特征之一。从腐蚀铁板星形图案的凹凸转折,逐渐在立面上过渡到砖的凹凸上,在两个平行的立面上,实现过去、当下两种语境的延续感。

托起的两个结构体块,使配套用房像基座一样放在不显眼的建筑负一层,利用悬挑形成了从山体中呼啸而出的隧道式建筑。

建筑空间配合展品和展示主题。陈列展览分为两个展区,一号馆以历史发展的时间顺序为经线,以每个时期的重大事件和典型故事为纬线,用最具时代特征的展品和符号来引发观众与展览的对话交流、情感共鸣和启迪创造;二号馆以重庆三线建设行业特色为出发点,突出重庆作为常规武器基地和舰船基地的重要性,全面展示重庆三线建设企业的风采。展览空间采用LOFT空间体系,能够合并空间用来展览大件展品,也可以分割上下、水平空间用来布置小件展品。

3. 旧瓶装新酒——原有厂区旧址的改造

原有残破的职工宿舍楼,改造作为新的接待区域,并作为新三线的展览区域。新三线区在原有旧建筑上加上红色的"钢背心",设计单独的承重体系,既不破坏原有建筑残留的历史痕迹,而且分区独立设置外挂楼梯,形成特色的单元式空间。

设计将原有的篮球场空地改造为时空体验区,成为供游客集散、休闲的露天电影院。由此形成一个相对较为封闭的时空体验区,让参观者在进入时,从声觉上重获三线时代的体验。

哈尔滨时代广场设计

苏丹、于立晗　清华大学美术学院

The Design of Times Square in Harbin

Su Dan, Yu Lihan　Academy of Arts & Design, Tsinghua University

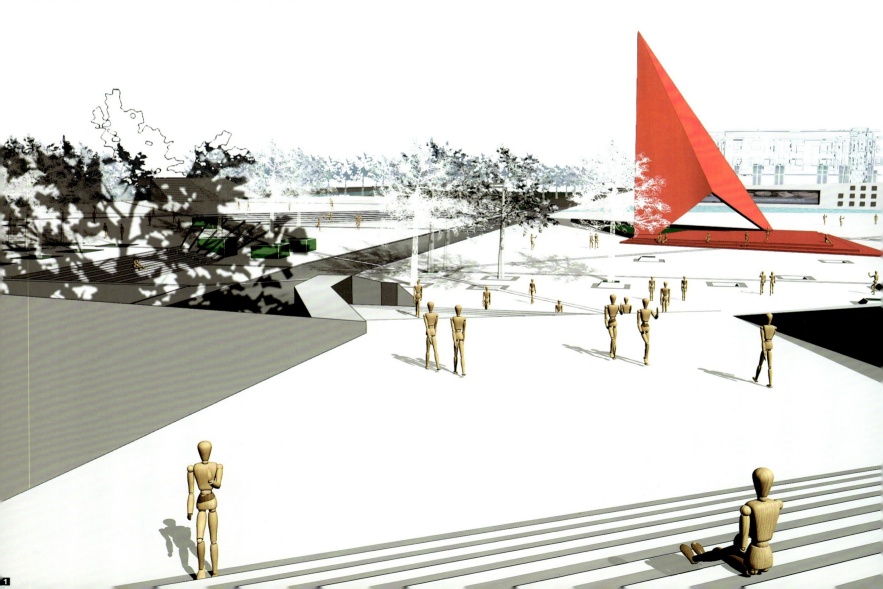

一、项目地点

拟建的时代广场位于松花江南岸友谊路与经纬街的交汇处，是松花江沿江风景长廊规划的9大主景之一。设计项目所含区域用地面积约47000m²。

二、设计构思

哈尔滨人有乐于在江边休闲、聚餐的习惯。设计师采用"毯子"这一元素，试图制造一处真正舒适的、自由的、让人心灵放松的公共空间——这是一处有很强地域生活特色的"人民广场"，体现了设计者对城市内涵、地段、使用者的综合审视，是一种潜在的都市宣言。从某种意义上来说，铺开的毯子是人们户外交流活动的承载体，它不仅是城市活动衍生意义的精神载体，也是城市生活的客观载体。哈尔滨时代广场的设计创造了由毯子所覆盖的有亲和力的城市空间（图1～图20）。

三、设计语言

设计师在景观设计上的形式语言围绕"铺在松花江畔的毯子"这一理念而展开。时代广场以不同的高差平面、"船形"折线作为功能空间分割的逻辑线索，这种由"毯子"概念生成的折线表皮构成了独特的风景，具有丰富的象征意义。丰富的地块划分可以使广场空间获得更多的体验，以凸显广场设计的概念——新时代背景下围绕毯子举行的"人民盛宴"。

图1 人视角图
图2 总平面图
图3 基地位置
图4 功能索引
图5 设计概念1-1
图6 设计概念1-2
图7 设计概念1-3

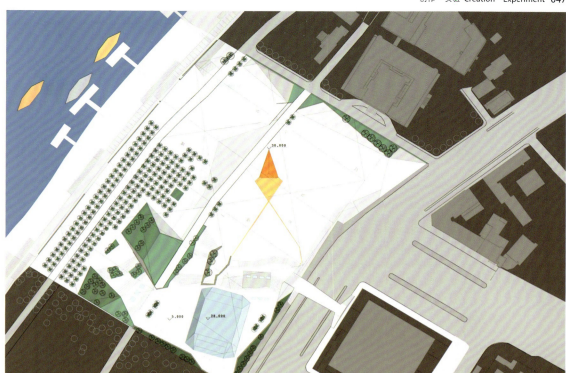

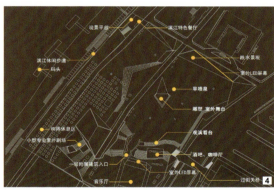

图 8　设计概念 2
图 9　设计概念 3
图 10　效果图 1

展开
折叠
象征性
叠加

① 分区
② 裁剪
③ 折叠

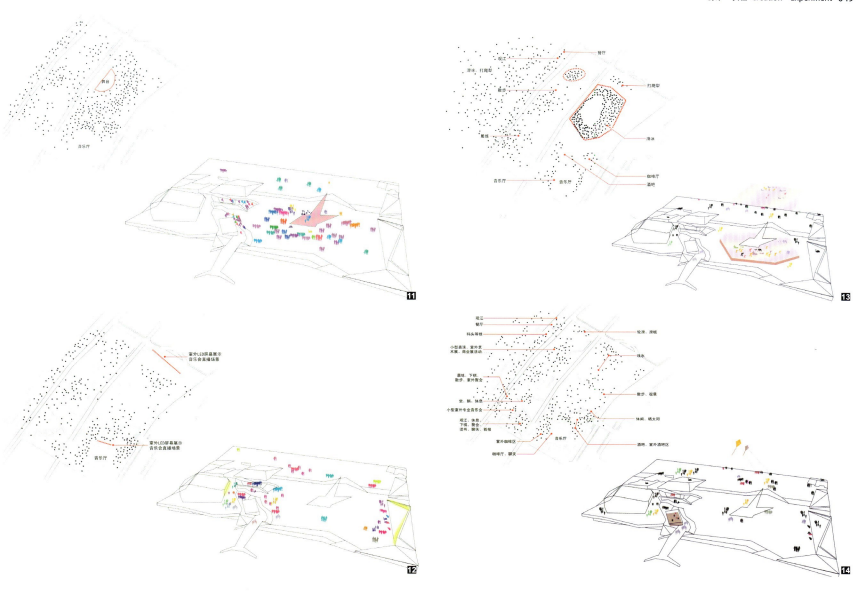

图 11　行为模式 1　　图 16　效果图 3
图 12　行为模式 2　　图 17　效果图 4
图 13　行为模式 3　　图 18　效果图 5
图 14　行为模式 4　　图 19　效果图 6
图 15　效果图 2　　　图 20　效果图 7

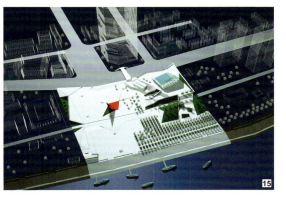

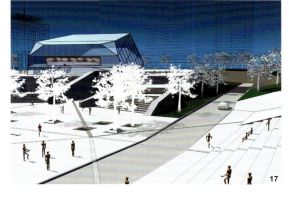

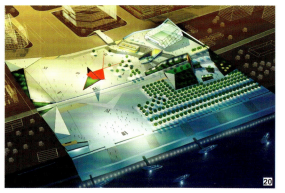

茶马古道上的沙溪白族聚落

宾慧中　上海大学美术学院（国家自然科学基金资助项目，项目编号：50908137）

Shaxi Bai Nationality Settlements along the Ancient Tea Horse Road

Bin Huizhong　College of Fine Arts, Shanghai University

一、茶马古道与剑川沙溪聚落

洱海区域是我国西南边疆开发较早的文化发祥地之一。唐南诏国、宋大理国均以其中心区域而发展壮大，具有悠久的历史文化渊源。剑川县境便属其列。剑川县位于云南省西北部、大理白族自治州北部，白族人口多达91.43%，是典型的白族聚居县。其人文地理、历史传统，皆与这个民族的发展息息相关。考古资料表明，早在3000多年前剑川的白族先民已创造了辉煌的文化，剑川海门口（剑湖出水口）铜石并用的古文化遗址的发现，证明它是洱海地区最早形成原始聚落、最早开创青铜文化及稻作文化的白族聚居区。

公元前122年，西汉使节张骞出使西域，发现中国西南地区有古道与吐蕃及域外各国相通，其中一段即为后世闻名的茶马古道。藏民自古嗜茶，云南普洱产茶，于是远古以来，就有茶贸商道，将云南普洱所产茶叶运往西藏、缅甸、尼泊尔等地，成为历史上滇藏运输的大动脉。其主线从云南西双版纳、思茅等地出发，经大理、丽江、中甸、德钦，到西藏的察隅、拉萨、日喀则，再由江孜、亚东、柏林山口，分别到缅甸、尼泊尔、印度。就南诏、大理国与吐蕃的关系而言，则可称之为滇藏古道。驿道上记录着南诏与吐蕃之间多次联盟，又反复征战的历史；古道还是藏传密教通过云南传入中原的重要途径。作为商道，西藏、云南、中原之间流通的茶叶、盐巴、贵重药材等物质都通过马帮运送。茶马古道迤逦纵穿剑川全境，带来频繁的经贸往来和多元文化的碰撞交流，滇西北白族人民对外来文明兼收并蓄，滋养出多彩而神奇的地域文化。

沙溪镇位于云南省大理白族自治州剑川县南部，是如

沙溪位于云南大理白族自治州剑川县南部，是如今茶马古道上保留最完整的古老聚落。

今茶马古道上保留最完整的古老聚落，入选"2002年世界纪念性建筑遗产保护名录"。它由石宝山脉与华丛山脉南伸围合而成山间平坝，东西宽4.5km，南北长16.4km，地势北高南低，平均海拔2090m。黑潓江位于两大山脉的断裂带中间，水源出自剑湖，由北向南缓缓流经整个坝子。占地26km²的沙溪镇，由13个行政村、63个自然村组成，自古有"剑川粮仓"的美誉，是一个典型的水稻农业乡。

沙溪有白族、汉族、彝族、傈僳族等四个民族，白族人口占93%以上。生活在这里的人民讲白语，着白装，沿袭着白族古老的风俗习惯，保留着白族传统的宗教文化习俗。白族作为沙溪的主体民族，对当地的其他民族产生了很大的同化作用，使各民族文化一起融入历史文化积淀深厚的白族文化圈中。沙溪地域历史悠久，古名"沙退"、"沙腿"。其背靠的石宝山脉中有石窟摩崖题字："沙退附尚邑三贼白张傍龙……圀王天启十一年七月二十五日"，从中可知，唐南诏国天启年间的沙溪已名"沙退"，受汉文化影响而做石窟造像，是一个颇有文化底蕴的繁华村邑。又据石宝山南之金鸡栖山出土的《土官百户杨惠墓碑》，此地于景泰元年（1450年）仍名"沙腿"。"沙溪"是明代后期的称谓，至清改称"沙溪图"。

沙溪寺登村鳌峰山古墓葬中，出土了春秋晚期至西汉初期的石器、陶器、青铜器、石范、原始货币海贝等文物，将这个默默无闻的白族聚居区曾有的辉煌历史展现在世人眼前——2000多年前，沙溪一带的白族古先民已形成农耕文化、铜石并用文化，并与东南亚、中西亚地区有商贸文化往来。这里是洱海区域最早形成村庄的部落之一。先民们聚水而居，烧制陶器、锻造青铜器、种植水稻、建造干阑建筑，进入半渔猎半农耕社会，成为洱海历史文化的源流地。

而对这个田连阡陌、村落众多的白族古老聚落的记录，最早始于徐霞客笔下。

徐霞客于明崇祯十二年（1639年）游石宝山，从东南而下，出沙登箐山谷进入沙溪境域，沿古道向东南纵穿沙溪盆地，经洱源县回到大理。他在游记中清晰地描绘了明末的沙溪状况："越岭而南，始望见沙溪之坞，辟于东麓。所陟之峰，与东界大山相持而南，中夹大坞，而剑川湖之流，合驼强江（今之桃园河）出峡贯于川中，所谓沙溪也（今之黑潓江）。其坞东西阔五六里，南北不下五十里，所出米谷甚盛，剑川州皆米取足焉……又一里，遂东南下，三里及其麓。从田塍间东南行，二里，得一大村，曰沙腿（今沙溪镇沙登村，在石钟山东南麓，沙登箐因之得名）。"①此时的沙溪就规模、村落布局而言，已基本定型。徐霞客自石宝山过沙溪，所取之道经过的沙腿（沙登村）、四屯（寺登镇）以及沙溪（黑潓江）桥，与现今状况完全相同。因而，沙溪至此是一个明代聚落的原型遗存（图1～图3）。

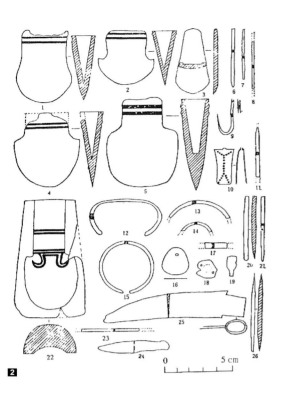

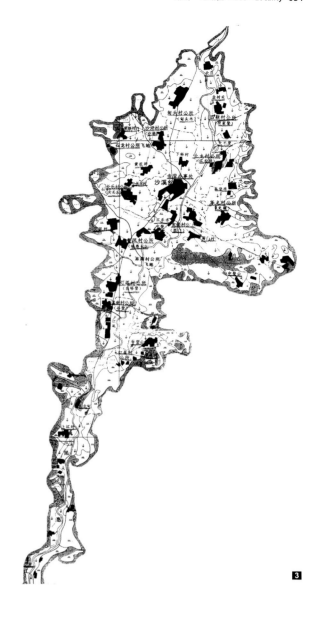

通过解析沙溪白族聚落的自然景观及环境布局、村落分布形态及空间构成等因素，可见早期村落形态在顺应自然环境的长期演化过程中所呈现的不同类型及风貌。

同时，通过探讨沙溪聚落文化景观及空间布局，透视了古老的沙溪白族聚落，其村落选址、空间规划及文化景观布局是白族地域文化与中原汉文化相交融的结晶。

图1 依山而筑的沙溪聚落
图2 剑川海门口出土的青铜时代的铜器与石范
图3 沙溪聚落村寨分布图

二、沙溪聚落自然景观及环境布局

沙溪聚落2000多年前已有古先民居住，属于因原始农业和定居生活出现而形成的早期村落类型。经过世代繁衍，人口逐渐增多，加之外来移民的迁入，自然村落逐渐扩展，以黑潓江为依托，星罗棋布地散布于坝子之中。由于沙溪是农耕型原始定居聚落，白族先民们在村庄选址时，必然将耕地等农业生产区域作为重要考虑因素。于是，聚落从成形之日起，便孕育了傍山林、通河沼、依山就势、因地制宜的规划思想。

沙溪的63个自然村落，从坝头至坝尾，基本沿着黑潓江的走势自由灵活地布局，形成一种因借自然、与环境相和谐的有机构图。对于以水稻为主要农作物的沙溪而言，傍水而居有利于挖渠引水、灌溉稻田。黑潓江作为沙溪坝子的母亲河，养育着这里的白族人民从远古走进文明。于是她的子民们选择村庄基址时，明显体现出对她的眷恋之态——由南至北，甸头村、四联村、北龙村、沙溪镇、东南村、鳌凤村、灯塔村、溪南村、红星村、联合村等行政村下属的几十个自然村落，紧贴黑潓江两岸分布，如同一线串联的珍珠，形成蜿蜒的曲线形聚落空间布局。

沙溪盆地周边自北向南有两两相对的八座山峰：石宝山（2758m）—华丛山（3266m），翠峰山（2283m）—莲花山（2974m），花塔山（2422m）—矮峰山（2430m），石神山（3321m）—簸箕湾山（2449m），形成坝子四面的天然屏障。从风水的角度来看，沙溪聚落有着天然的理想空间构成意象。高原上的盆地，周边山脉围合，自然而然具备了蜿蜒起伏、犹如行龙的"龙脉"，坝子即是宽敞舒畅的"明堂"。而山脉中两两对应的山峰，是各村落的"左右护砂"。

《管子·水地》中说："水者，地之血气，如筋脉之流通也，故曰水具财也。"黑潓江是沙溪坝子气运活络的筋脉，从坝口缓缓流入，在坝子中间迂回曲折环村而过，再从坝尾缓缓流出。这样一来，基本上每个自然村落都具备后有靠山、前有流水、左右有砂山护持的聚落环境。《地理大全》中说："凡水来处谓之天门，若不见源流谓之天门开；水去处谓之地户，不见水去谓之户闭；夫水本主财，门开则财来，户闭财用不竭。"山势围合的沙溪坝子口宽尾窄，到坝尾的联合行政村，东西两侧山脉几近合闭，正是开"天门"关"地户"的良好取向。

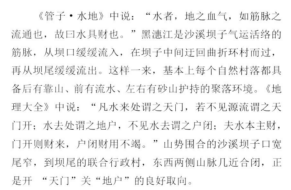

沙溪聚落到明清时期已附会了不少风水建筑于其中，例如在坝子尾部的江尾村，黑潓江上有了一座锁江桥——江尾石鳌桥。离江尾村不远的山岗顶上，立起一座四方密檐白石塔，并成为沙溪四景之一的"玉塔门门"。有了这两件宝物扼守关口，滚滚的财源都留在坝子中不会外泄了。又有一些塔幢、大照壁建在各村之中，形成不同风水象征的村落文化景观和标志性建筑。

沙溪坝子的选址符合了"枕山、环水、面屏"的理想空间模式，也具备了龙（山脉）、穴（明堂）、砂（山峰）、水、向（山向）所谓"地理五诀"要求的吉利因素，成为一处藏风聚气的风水宝地。沙溪的白族先民也许还不知"风水"为何物时已世居此地，但他们源自本能的追求——人与自然和谐相处更宜于生存的内在动力，促使了沙溪古聚落的成形。

从生态角度而言，坝子四周高起数百米的山峦，是阻挡寒风的天然屏障，也是安全防御的天然壁垒。平坝中部形成冬暖夏凉的小气候易于农作物生长，黑潓江源源不断的水流为水稻种植提供了丰富水源，而江中肥美的鱼虾又是先民们渔猎的目标。在这里，人、村落、环境之间构成一个有机整体，取得了良好的生态意象。沙溪盆地具有的优越自然条件，是产生早期农耕文化、铜石并用文化的根源所在。

三、沙溪村落分布及形态构成

大理白族聚居区，是高山多于平坝的地区。远古的居民，在这里经历了由高山向平地流动的环境选择历程。明代杨升庵在《滇载经》中提到："诸夷慕武侯之德，渐去山林，徙居平地，建城邑，务农桑。"徐嘉瑞在《大理古代文化史稿》中也有记载："大理上古居民，多住于高山陂陀上。"及至后来"乃离弃山地，经营平原生活"。远古先民从游猎、采集生活向农耕畜牧生活的转化，必然对环境有不同的要求。在临近河流、湖泊的平坝中，更利于开农田、事渔业。由高山向平地的转移是人类对自我生存环境的一种本能而理智的选择。

沙溪的白族先民必然也经历了这样一个选择定居的过程，促使村落逐渐形成、发展、定形。在这个演化过程中，村落形态及布局由简单到复杂，由无序到有序，由无目的的自然生长发展到人为地选址和规划。从沙溪古聚落现在的自然村落中，我们可以清晰地看到村落形态演化过程中的不同类型和风貌。就此而言，沙溪聚落的原生态风貌颇具研究价值，简析如下：

1. 散点式居住组团

由几户到几十户人家聚居形成的团组，因人口太少，尚称不上村落，当地以"组"或"队"为其行政称谓。这样的聚居方式往往受自然环境限制而成形。散点式居住组团一般分布在重山之间的缓坡或小块平地中，可耕种面积有限，仅够一定数量的人口在此生活。建筑分散布局于山腰或坡脚，是村落成形前的最初形态。沙溪聚落中存在许多这样的组团或小村庄。如华龙村的一颗桩、三颗桩；溪南村的卓家、母子山、木松岭；红心村的杨家甸、管家湾、白龙潭。而联合村基本是由二羊场、东北甸、西火山、米子坪、东富乐、西富乐等大小不一的散点式组团聚合而成的自然村落（图4）。

2. 单轴型村落

村落沿河流、道路或山势成一线布局。村落当中的小道往往纵向发达，横向较弱，使得村落建筑按明显的单一轴线排列。这样的村落户数不多，规模不大。沿黑潓江走向，东南村的江乐禾、灯塔村的白塔登、溪南村的江尾均为单轴型村落。白塔登、谷登和江尾三个自然村位于花塔山脚，背山面水地呈一线排列，留出村前与江边的空间开垦稻田，使大山、村落、农田、水域层层沿地势跌落，既具有良好的居住景观，又便于守望稻田（图5）。

3. 多轴型村落

建在较大平坝上的村落，可以自由布局和扩展。它的初始规模或者由单轴线、纵横十字轴线的村落随着人口增加而向四周扩大发展，或者由若干小村落向周边膨胀，之后联合形成大型村落。这是当今自然村落中位居多数的村落形态。沙溪坝子中，甸头禾、沙登、段家登、江长坪、大长乐、西门、中登等自然村落都是多轴型格局，以入村道路为主干道而纵横布局。由于规模较大，建筑模式不仅局限为居住性建筑，本主庙、戏台、魁阁、塔幢、桥梁也交织于村落之中，无论作为外部入口序列的强调还是空间景观的定位，都起到良好的点景作用（图6）。

4. 磁极型村落

磁极型村落有一个诱发村落聚合成形的原始磁极点，它可以是一座庙宇、一个集市甚至是一个原始意义上的崇拜中心。磁极点起到吸引人流、促发交易的作用。为了方便交流，渐渐围合中心形成居住圈、商业圈、佛寺庙宇圈，然后向周边辐射，生长成轴网纵横、有主从磁极中心的大型村落。磁极型村落在性质上发生了转变，由单纯的农耕型村落演化成集商贸交流、文化交往为一体的复合型村落，是进一步形成村镇、城市的雏形。

沙溪镇最大的村落寺登村，即是一个典型的磁极型村落。以四方街为中心，放射出四条主要街道，再由这些街道分出大小巷道，通往村子的各个角落。寺登村以四方街形成定期集市，吸引各村落的村民前来赶街，自然发展成为聚落中最繁华的中心区域。寺登作为商贸集镇，也是沙溪镇政府办事处所在地（图7、图8）。

四、沙溪聚落文化景观及空间布局

1. 寺登村村落空间的中心化意向和秩序化结构

自古至今沙溪中心所在地便是寺登村。"登"是白语中某个地方的意思，"寺登"就是有寺庙的地方，这个寺庙名为"兴教寺"，是建于明代的白族阿吒力密宗寺院。

图4 散点式居住组团
图5 单轴型村落——白塔登村
图6 多轴型村落——大长乐村
图7 沙溪寺登四方街磁极中心地段纵剖面示意

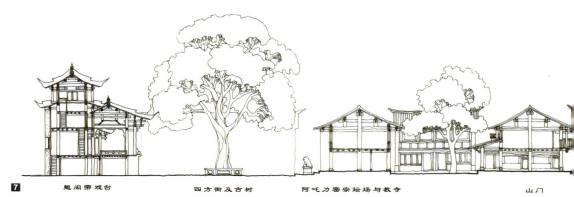

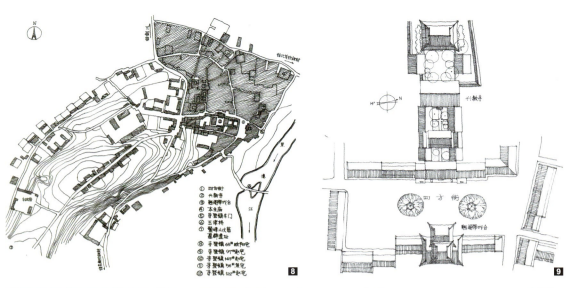

寺登村空间构成的最大特色，便是它的磁极中心——一个融宗教性、商业性和生活性于一体的四方街广场。

什么是四方街？所谓四方街是云南一种传统的集市贸易场所。初期的集市交易在一块宽大、平坦的露天广场上进行，人们早聚晚散，俗称"草皮街"。赶街是地广人稀的村落生活中不可缺少的重要内容，散居的村民可通过赶街交换产品、寻找伴侣、结识外村人。随着草皮街的兴盛和集贸时间的固定，在广场周围渐渐出现商铺、民居，进而围闭形成由建筑界定集贸空间的四方街。它不仅是进行交易的集市，更成为一个人际交流的场所。

寺登村的四方街与云南其他地方的四方街相比，具有更丰富的文化内涵和更复杂的空间布局：广场的正西面是一组规模严整的兴教寺古建筑群，由山门、中殿和大殿形成三进院，通过沿四方街的民居过街楼开出口而与四方街相连；广场的正东面是一座始建于清嘉庆年间的魁阁带戏台建筑，与东面一溜民居商铺一起构成四方街的东界面。于是，寺登村的四方街不再是独立存在的个体，它成了由兴教寺正殿开始到魁阁带戏台建筑结束的长达120m纵轴线上的一个组成部分，与兴教寺、戏台及四方街商铺形成寺登村圣性与俗性并存的二元中心。

寺登村四方街是南北纵长向的四边形广场，用红砂岩打制的条石满铺地面，给人一种温暖的亲切感；而条石上斑驳的印痕，展示着茶马古道必经之地——四方街曾经的兴盛和岁月的沧桑。四方街什么时候出现已经无法溯源，但它的兴盛和规模的成形必然与兴教寺有密切联系。兴教寺是大理北部地区规模宏大的一方兰若境地，也是白族特有的阿吒力密宗寺院，香火历来旺盛。茶马古道途经沙溪的各地商旅都会前来上香，同时相互进行贸易交流。这样一来，四方街上的集市就不再限于沙溪境域的商贸交易，行走于茶马古道上的各地商人往来其间，繁华程度与日俱增。到清代，街面铺装条石，造型精巧、飞檐叠角的戏台也盖建起来。人们在这里做买卖，看大戏，来时烧香求发财，去时拜佛保平安，到一次四方街可以同时获得精神和物质上的双重满足。这里渐渐成为滇西北小负盛名的经济和宗教中心。

四方街的兴旺还与古代剑川发达的制盐业有关。紧临沙溪的弥沙乡和乔后乡，有盐矿资源丰富的弥沙盐井和乔后盐井。剑川的盐矿开采始于汉代，唐时正式由官府发展制盐业。弥沙是唐南诏时期"傍弥潜井"和"沙追井"的合称。乔后井开发于明永乐二十年（1422年），下属弥沙盐井。直到新中国成立后，弥沙、乔后盐井都是滇西北地区食盐的主要供应地。古代的制盐业有着巨额利润，是历朝历代官方控制的产业。因为有了盐井，于是沙溪一带出现了盐商，出现了运盐的马帮。两口井的食盐往各地销售运输都要经过沙溪。沙溪因此增加了另外一条与外界交流的商贸渠道，各类马店和商业铺号在四方街上应运而生，进一步促进了寺登四方街的繁荣。从现存的各色临街店铺，我们可窥见当年盛况之一斑。

就构成广场的要素而言，四方街有着良好的尺度感、收放自如的围合感和广场景观。街子由商铺、民居四面围合，具有清晰的场地界限；四方街长60余米，宽20余米，周围二层楼的民居高约7m，构成1:8～1:3的广场比例。建筑间留出若干街巷入口，打破四面围合带来的封闭感，界定出四方街的商贸空间领域。周边民居高矮形式整齐划

图8　磁极型村落——寺登村空间结构示意
图9　寺登四方街及兴教寺的中心化意向及秩序化结构
图10　寺登村四方街赶集
图11　寺登村四方街集市
图12　寺登村魁阁带戏台建筑

图 13　沙溪聚落建筑依山傍水，朝向一致
图 14　村落中的文化景观建筑——大长乐魁阁
图 15　大长乐魁阁三层翼角
图 16　大长乐魁阁三层屋面构架
图 17　段家登村魁阁带戏台
图 18　段家登村魁阁带戏台剖面
图 19　段家登村魁阁带戏台上精美的太师壁

一，为二层硬山屋面、底层带厦檐造型，建筑风貌于细微中显变化。四层高的魁阁带戏台建筑，在形式相对简洁的民居衬托下，体态风貌尤显高挑、华美、轻盈，使兴教寺—四方街—戏台的纵长轴线空间形成一个高潮而收尾。街心两棵对称的参天古青树，像两把巨伞，界定了四方街的三维空间高度。古树荫翳避日，是四方街的标志性文化景观。

20 世纪 70 年代后，在兴教寺背面修通一条过境乡间公路。因为路面平整，交通方便，人们渐渐以路为市，四方街的繁荣日益式微，终于退出了商业广场的性质，成为寺登村村民的公共活动场所，只有在节庆的日子里才会重现人头攒动的辉煌（图 9～图 11）。

2. 聚落民居朝向

沙溪坝子各村落的民居建筑朝向因地制宜，大多呈东西向布置。黑潓江以西的村子，建筑坐西朝东；黑潓江以东的村子，建筑坐东朝西。其成因有四个方面：①坝子左右的山脉呈南北走势，使坝子形成狭长形盆地。黑潓江又由北向南纵穿平坝。②山势走向导致沙溪主导风向长年为南偏西风。③为顺应地形和避开寒风，选择东西朝向是经验积累所致。④风水因素。白族人民认为："正房靠山，才坐得起人家"，建筑的东西朝向，无论在黑潓江的东岸或西岸，都满足了"枕山、环水、面屏"的风水意象。

3. 各村落文化景观及标志性建筑

沙溪镇自然村落大都沿坝子两侧的小山丘而建，让出平地作水田。位于山坡上的村落，层层跌落，具有独特的景观效果。村落街巷轴网依黑潓江走向而布局，或依山势而定，自然而灵活。各村都有自己的标识性景观点来丰富村落构图，除了每村必有的本主庙和山神庙之外，分别布局魁阁、戏台、观音庵、城隍庙、文昌宫、塔幢、古桥……是村落文化景观的重要组成元素。

魁阁中供奉的魁星是中国古代传说中掌管文运盛衰的神明，在科举取士的年代，为求文运亨通，魁阁便成了

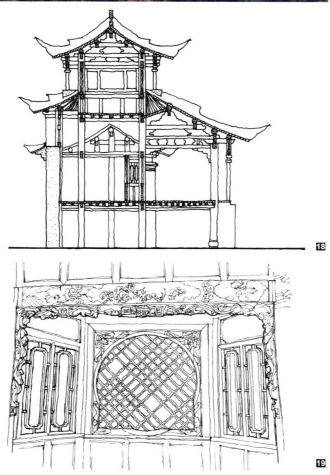

个地方文风鼎盛与否的标志性建筑。沙溪聚落小小一方天地，现在尚存的魁阁就有九个，尚不包括与文运相关的文昌宫等庙宇，可谓文风素著之地。其中大长乐村魁阁从景观选址到精巧结构，可谓沙溪魁阁中的优秀典范。

沙溪坝子中的魁阁带戏台建筑则是当地的特色建筑，将魁阁和戏台有机结合，造型美观别致，功能多样，在寺登村和段家登村各有一个。其组合方式是魁阁在二层正中向前方凸出一个平台作为表演区，魁阁的二层空间则成为戏台的辅助场所。为了符合演戏要求，魁阁的空间功能发生了变化：首先，由方形平面两侧各伸出一间耳房，供演员化妆和休息使用，变成矩形平面。其次，魁阁总体增高，并将外伸的戏台区域底层架空 1m 有余，以提升戏台表演区高度，便于观赏。第三，魁阁在戏台屋顶高度区域，缩小平面成方形，作为供奉文曲星君的阁楼空间。

另有众多遍布乡间的本主庙、观音殿、文昌宫、文峰塔、城隍庙点缀于低矮的聚落民居之间，不胜枚举。在这样一个地处偏远的白族乡镇中，有如此之多的文化景观建筑，可见中原汉文化在白族地域文化中的深远渗透。这与白族人民自古便有的善于吸收的开放意识和善于改造的创造精神是分不开的（图 12～图 19）。

五、结语

茶马古道上的剑川沙溪白族聚落，保留了村落演化过程中所表现的不同类型的村落形态及空间构成风貌，这是白族先民在对自然环境进行选择中的创造；而聚落中丰富的文化景观建筑，则是中原汉文化与白族地域文化相交融的结晶。

注释：
① 朱惠荣校注．徐霞客游记校注·下[M]．昆明：云南人民出版社，1985:987-988（括号中注解为笔者按）．

参考文献：
[1] 蒋高宸．云南民族住屋文化[M]．昆明：云南大学出版社，1997．
[2] 蒋高宸主编．云南大理白族建筑[M]．昆明：云南大学出版社，1994．
[3] 刘易斯·芒福德．城市发展史[M]．北京：中国建筑工业出版社，1989．
[4] 梁雪．传统村镇实体环境设计[M]．天津：天津科学技术出版社，2001．
[5] 云南省剑川县志编纂委员会．剑川县志[M]．昆明：云南民族出版社，1999．
[6] 云南民族文化大观丛书编委会．白族文化大观[M]．昆明：云南民族出版社，1999．
[7] 朱惠荣校注．徐霞客游记校注·下[M]．昆明：云南人民出版社，1985．
[8] 徐家瑞．大理古代文化史[M]．昆明：云南人民出版社，1985．
[9] 大理白族自治州王陵调查课题组编．二十世纪大理考古文集（苍洱文苑丛书）[M]．昆明：云南民族出版社，2003．

融合·兼容·创新
—— 浅论海派建筑中的文化特征

李刚、邢亦舒　　上海大学美术学院

Fusion · Compatible · Innovation
— On the Cultural Characteristics of Sophisticated Architectural

Li Gang, Xing Yishu　　College of Fine Arts, Shanghai University

当你漫步在上海那青砖铺道的小小弄堂中时，是否注意到路两边那散发着各式风情的老建筑？奶黄色的整齐砖墙、细腻的雕花窗棂、精致繁复的门楣屋顶，这一切仿佛无一不诉说着那一段段深藏已久的古老记忆。这些建筑，或温柔、或大气、或质朴、或富丽，静静演绎着各式各样的精彩。这些老房子里，也许曾住过阔绰显赫的达官贵人、温柔纤细的富家小姐、小有名望的现代画家；也有可能住过逃难于此的没落贵族、寻常百姓。也许，有许多也许。然而随着时间的流逝，来来往往的许多人已经不在，唯一不变的，只有那些建筑，那些拥有独特风格的建筑。西式中杂糅着中式，中式中透露着西式，不用说，即是最典型的老上海"海派"建筑。

清代改良派思想家、政论家王韬曾说："沪自西人未来之前，其礼已亡……" ①此处"礼"，即是正统的官方儒家文化。自1291年上海设县②，几百年间，上海虽然在经济、贸易方面发挥着重要的作用，但在政治上却显得无关紧要，由此导致了该地区高度的商业性、以赢利为准则的特点。因此，当19世纪中叶，八方的海风跨海越洋而来之时，上海并没有像大多数中国内陆城市那样排斥和抵触西方的文化与科技。相反，从某种程度上来说，乐于接受和模仿西方各种先进文明成果。于是，西方现代文化与中国传统文化在此交流、碰撞、演变和发展，形成了"海派文化"的前身。历史上所谓海派文化的形成，显然有其被强制注入的动因，但其成形还是在中华及江南本土文化的土壤中，经过长期的筛选、认同、异化和提升而确立的。经过将近一个世纪的中西融合、兼收并蓄、敢于创新、追求时尚，成为了海派文化的基本内涵。在这种文化背景下，上海城市的风貌也变得迥异起来，迷离的风情及丰富的建筑风景线便是海派文化最为精湛的存在形式。

初期的海派文化，包容性是其最为显著的特点。海派文化是中西结合的产物，充斥着浓郁的商业色彩和民俗风情。正是这种海派文化，造就了上海最初的海派建筑。早

图1　上海外滩
图2　张爱玲故居常德公寓。位于上海常德路195号，建于20世纪30年代，原名爱丁堡公寓（Edingburgh House），是一幢意大利式建筑。灰黄色的墙面和暗红色的装饰线条，经过时间的洗礼，似蒙上了一层淡淡的灰，在今天静安寺车水马龙的来来往往之中，仿佛仍然可以嗅到书中一切静好的气息

图3 1923年外滩滨江界面
图4 1857年外滩滨江界面
图5 上海和平饭店北楼，位于上海金融、商业的中心——南京东路外滩。北楼建于1929年，原名华懋饭店，属芝加哥学派哥特式建筑，屋顶为圆锥形，外墙使用了大量花岗石堆砌，腰线和檐口处的雕刻花纹显得尤为古朴典雅，整座建筑气势恢弘，有"远东第一楼"之称
图6 浦东发展银行大楼，位于中山东一路10～12号，属新希腊建筑，建于1923年，原为美商汇丰银行上海分行。建筑外贴花岗岩石材，正中为穹顶，穹顶基座为仿希腊神殿的三角形山花，再下为六根贯通二至四层的爱奥尼亚式立柱。大楼以正大门及穹顶为中轴线，两侧形成严格对称，这是典型的新古典主义立面构图方法

期的海派建筑几乎全部参照西方的设计理念，但装饰风格上，却不局限于单一材料，不刻意保持某一特性的纯粹性，从而使得建筑形成了各种迥然不同的风格。不论是洛可可式、罗马式、古典式、折中式、哥特式、英国式等何种样式，均为我所用，具有高度"杂糅"的特点。而此种设计手法，也多应用在商贸类建筑上，如外滩的原汇丰银行大楼、中国银行大楼、和平饭店等。这些建筑普遍具有繁复的、充满欧洲风情的外部装饰，同时有一些也具有传统的中式元素。这时期的建筑，汇集并体现了多国建筑文化。

然而，由于国人的审美、生活习惯与西方存在着诸多差异，同时也由于经济上的种种制约，"海派"这一新式的建筑风格并没有被广泛应用开来。于是追逐利益最大化的建造者们开始思考，怎样才能使这一风格的建筑能够与上海人的生活、审美习惯和居住环境融合起来，达到普遍性的应用。建筑已不仅仅是最初体现时尚潮流、炫耀商业资本的标志，而被赋予能够创造出更多使用价值的经济意义。在这一转变中，传统商业的理性因素逐渐显现出来：建筑的外观虽借鉴西方的装饰风格，但房型则按照使用适宜、注重生活空间这一原则来营造。可以说，后期的海派建筑在设计上更加注重使用的合理性与经济性。并且，由于受到江浙古吴越文化的影响，建筑中多多少少透露出传统江南建筑形式的影子，但又在这种形式上作出创变。比如，追求精致、优雅的生活品质，在建筑上就表现为细节处理得当，去除不必要的浮夸装饰，以小处体现整体的精细感。在经过最初不加选择的模仿之后，海派建筑逐渐形成了自己独特的风格。

之所以说海派建筑有其独特性，除了受到西方建筑文化的影响，江浙传统吴文化手工的传承也是一重要因素。上海文化，在地域上来说，从属于中国古代江南文化，渊源于长江流域江浙的古吴文化。

古吴文化最鲜明的特点有三：

其一，古朴而不失精美，温柔而不失刚劲。如著名的苏州园林，因为有了文人的设计参与，建筑显得精致而不繁、典雅而不俗。这种文化传承应用在海派建筑中，最典型的即为外滩建筑群。雅致的雕花和细腻的屋顶细节处理，三角形、半圆形、弧形或长方形的屋顶花饰，类似西方建筑门窗上部的山花楣饰。这些花饰形式多样，风格各异，是外滩建筑群中最有特色的部分。这些装饰虽然精致细腻，但却给人以清新之感，全无繁复俗艳之气。

其二，货殖为重，重商观念深入人心。这一特点无疑是受到江浙商业的影响，重商观念体现在建筑上即为崇尚实用主义，注重土地的高利用率。最有代表性的为上海石库门里弄式住宅，在布局方面，借鉴了英国早期联排别墅形式；在空间分隔方面，又具有江南传统四合院房屋拥有私密空间的优越性。房屋多以纵向发展，楼梯、格子间等处也追求高效利用。在较好地解决高密度人口居住问题的同时，又便于管理。

最后，崇教尚文，开放兼容。江浙众多的民居与园林中，随处可见各种诗词和楹联，这些都营造了一种淡然、清雅的书香氛围。上海的石库门建筑，入口的门套上做有巴洛克装饰的山花，但黑漆大门上的门环又露出中式的痕迹。虽然建筑外部采用了西方建筑的装饰形式和图案，但住宅内部的空间却是一派典型的中国民居室内场景。西式的建筑载体，加以中式习俗融汇改进，产生出一种全新的建筑模式。

海派建筑文化的开放结构为其自身的"杂糅"准备了条件。在中国建筑文化中融入西方建筑文化，形成多元化的建筑形态。从"西体中用"到"中体西用"、从"拿来主义"到"折中主义"，这些正是"新海派"建筑文化的与众不同之处。这种建筑多样性的特点，与上海独有的文

图7～图11 海派建筑在上海的兴起有其历史条件和人文因素，这一流派应用建筑设计手法，并不只是全盘模仿西方的建筑文化和形式，而是建立在上海的地理、气候、人文等因素之上，与传统建筑文化结合，去粗取精，因地制宜，大胆地进行改良和创新。比如外滩的有利银行大楼，建筑仿效文艺复兴风格，同时带有折中主义。外装饰为巴洛克式，大门两旁配以爱奥尼克式柱。建筑的一、二、三、五层均是中国式的方窗，而四、六层却采用了上部半月形的西式圆窗；又比如石库门建筑，源自西方的山花、拱券，来自中国的四合院式布局。中西结合的特点在建筑的窗户设计上上体现得尤为明显。英式的铁艺栏杆，立柱上雕满了中式的装饰花纹，上面覆着青瓦，简洁中透着精致

化底蕴密不可分。由于上海不像北京、苏杭等地具有悠久的历史文化，反而更容易接受西邦民族的建筑文化观念和审美情趣。城市工商业的迅速发展带来了大量商机，全国乃至世界各地的人们纷纷涌入上海。多文化、多民族的融合，使得海派建筑文化带有独特的异域风味。于是，在建筑的建造手法上，形成了两种杂糅形式：一是纯粹西式建筑的杂糅，二是中西建筑的杂糅。

前者比如外滩建筑群，当你坐在上海拥有百年历史的轮渡船上，环顾外滩两边鳞次栉比的高层建筑，不同流派的建筑风格及不同历史时期的建筑就在眼前一一展现。在这里，可以看到新古典主义的原汇丰银行大楼、折中主义的沿江海关大楼、文艺复兴形式的和平饭店南楼、注重装饰艺术的和平饭店北楼和带有中国传统符号的现代建筑——中国银行大楼等。后者如老上海石库门建筑，虽然借鉴了不少西方的建筑手法，但仍深受中国传统居住习惯的影响。建筑既有江南院落民居的风格，又融合了欧洲联排式住宅的结构特点。外墙细部有西洋建筑的雕花图案，但也以吉祥文字装饰门头，形成了别具一格的具有中国特色的西式建筑。当你看到这些建筑时，会不会由衷赞美其精美细致的雕花装饰？会不会感叹仿佛进入了一个万国建筑博览世界？会不会惊奇地发现，原来这么多种风格的杂糅，并不会显得杂乱无章，而是相互融合、相互衬托，出奇地协调？

"海派"建筑文化襟怀开阔，呈现出一种开放的姿态，在吸收长江流域文明的古吴文化基础之上，又融入了西方文化的某些成分，自然而然地形成了一种具有多样性特征的建筑文化。这种建筑文化，是近代上海各方面飞速发展的缩影，因此也可以说，海派建筑是带有上海特色的建筑。脱离了上海，那便不再是海派。

时至今日，海派这一建筑风格依然在传承、发展。经过了几代建筑师的更新和尝试，对于海派建筑的诠释，有了新的观点，即通过不断的创新来创造更多的经济价值。不拘泥于单一形式的装饰或结构，而是汲取先进技术、多种手法联合设计。近几年对于上海新天地的改造，即是海派风格的全新体现。把上海最典型、古老的街区保存下来，改造成为最新锐、时尚的商业步道。很多建筑采用了充满现代感的玻璃幕墙，但同时有些地方又保留了20世纪30年代的格局、装饰，而只将房子内部进行改造。海派建筑浓郁的中西结合之特点，在这里，在这个充满时尚气息的新步行街，有机地融合在了一起。那散发着浓郁西风的巴洛克风格卷涡状山花门楣，那承载着厚重历史传承的红青相间的清水砖墙，中西的精髓，就那么协调地组合起来，形成一种独特的韵律，仿佛在诉说着近代上海的种种历史变迁。

这些涂抹上城市历史演变印记的海派建筑，正是多元文化融合的反映，造就了海派建筑的独一无二之处。海纳百川，集众家之所长；敢于创新，求朴实而无华，这些都是海派建筑最重要的品质。海派建筑文化为中国近现代建筑发展的可能提供了一种崭新的模式，打开了人们的建筑文化思路，提高了人文因素的建筑文化素养，促使中国能够更快地追赶世界先进建筑潮流。时至今天，海派建筑的进一步发展和应用，仍值得人们去更多地探讨和创造（图1～图14）。

注释：
① （清）王韬．瀛儒杂志[M]．上海：上海古籍出版社，1989．
② 上海通志——大事记[M]．

参考文献：
[1]．崔传樵．别具一格的石库门建筑[M]．
[2]．王振复．论海派建筑文化[J]．复旦学报（社会科学版），1993(3)．
[3]．认识海派文化——上海历史文化浅谈[EB/OL]．华夏经纬网，2010-06-01．
[4]．傅国华．新海派住宅风格[M]．
[5]．李昊．民居建筑的整旧与创新——对上海"新天地"旧城改造的思考[J]．家具与室内装饰，2003．
[6]．夏明，武云霞，李伟明．一次新旧共存的尝试——上海石库门住宅改建研究[J]．重庆大学学报，2008，30(6)．
[7]．高雷．吴文化及其建筑的谭概[J]．华中建筑，1995，13(2)．
[8]．刘长飞．浅析吴文化对苏州传统住宅建筑特点的影响[J]．山西建筑，2007，33(4)．
[9]．联排别墅项目分析[EB/OL]．百度文库．
[10]．林颖．低密度联排式住宅规划设计研究[Z]．
[11]．沈福煦．上海建筑中的"海派"风格[J]．上海市建筑职工大学学报，1999，(3)．
[12]．黄妍妮．海派文化与租界文化的结合——谈苏州河东段近代历史文化对建筑风格的影响[J]．新建筑，2008(2)．
[13]．杨敏之．海派建筑的文化性格[J]．时代建筑，1992(3)．

图12～14　新天地在装修改造上的成功，是海派建筑的一个成功案例。改建后，北里由多幢石库门老房子组成，并结合了现代化建筑的装修和设备，变为多家高级消费场所及餐厅。起先的乌漆大门变为具有时代感的玻璃门，但外墙依旧是红青相间的清水砖墙，青砖步道串联起一幢幢的新式建筑。古朴与现代的完美结合，演绎出了一种独特的风情

建筑生态观的历史脉络

莫弘之　　上海大学美术学院

The Historical Origin of Eco-Design Concepts

Mo Hongzhi　　College of Fine Arts, Shanghai University

生态建筑经常被公众和大部分专业人员理解为一种21世纪才出现的新的建筑设计形式，而事实上生态建筑的设计理念贯穿了整个建筑史。本文从建筑生态观的历史脉络入手，梳理生态理念在建筑史中的发展历程。

一、什么是建筑的生态观

我们一般是从建筑美学的角度来理解建筑史，这是一条考虑美学、政治、经济等因素影响的关于建筑形态功能的脉络。抛开这些因素，建筑史又是一条建筑营造技术的历史。建筑是大型工程，只有在具有了相应的营造设备和技术的条件下，才能够得以实施。无论什么建筑，都在一定程度上反映着对自然环境的适应。人类技术手段的进步都会反映到建筑上。建筑的生态问题也随着科学技术的发展与影响不断地衍生与激化。

人类自从开始营建活动之后，就把创造一个适宜的室内环境，以躲避室外多变严酷的环境作为建筑的最根本目的。生态建筑设计理念，是人类大部分时间设计建筑的一个主要甚至于唯一的设计理念。如何利用自然资源就是人类大部分建筑历史上最为重要的一个设计哲学。这就需要首先定义一下什么样的建筑才算得上是生态建筑。

> 如何利用自然资源，
> 尽可能减少对人工控制手段的依赖，
> 是自从人类开始建筑活动以来对建筑的最根本性追求。

生态建筑应该是尽可能依靠自然的资源（可再生能源）进行室内环境调节，尽可能减少对于非可再生能源的使用（如柴火、煤炭、石油、电力等）为设计理念的建筑。

通过建筑史的发展（原始时期、农业时期、工业时期、后工业时期）来观察技术、建筑和自然之间的关系，才能正确认识建筑的生态设计理念和科学技术影响下的建筑生态化发展历程，以及技术发展对生态设计理念的推动和制约。

二、生态观的产生——本真的生态意识

人类由于需要抵御多变的自然环境而开始了建筑活动。不管是有意识的，或者是无意识中的行为，人类同很多会搭巢的动物一样，都会根据气候环境来选择建筑的地点，由于人类能够用来调节室内环境的手段非常有限，只能通过被动式通风、太阳能提供的制热、一部分可行的地热能来进行空气调节。等到人类学会使用火之后，则又能采用燃料来提供热量。这种本真的、无意识的利用自然能的行为，也促进了科学的产生和进步。

在严寒的爱斯基摩地区，爱斯基摩人建造冰屋（Igoo）来居住（图1）。建筑就地取材，用压实的雪块作为冰屋的主要建材。雪块内部含有大量的密封空气，可以成为很好的保温材料。同时，他们还采集一块冰块（区别于雪块）来制作冰屋的窗户，用以收集微弱的阳光。冰屋通过一个狭小的甬道进入内部，这能够防止外部的冷风带走室内的热量。在冰屋内部悬挂一层布幔（图2），形成一个附加的空气间层，进一步达到保温的效果，并且减低冰雪建筑内部对人体产生的寒冷感。一个制作精良的冰屋，只需要依靠一盏油灯和内部居住的人体所产生的热量，就能够保证得到至少高于外界温度18℃左右的室内0℃左右的温度。

处于冬冷夏热地区的美洲印第安人的典型建筑形式是圆锥形帐篷（tipi）（图3）：美洲印第安人所采用的圆锥帐篷具有一种可以按照气候变化而变化的可变调节模式。屋顶上的毡子可以开闭，在夏季可以通过打开顶上的毛毡起到烟囱效应，进而将帐篷内的热空气带走，将周围新鲜

图1　爱斯基摩冰屋
图2　爱斯基摩冰屋构造
图3　印第安人帐篷
图4　沙漠帐篷

> 生态建筑必须具备的要素，应该是尽可能依靠自然的资源（可再生能源）进行室内环境调节，尽可能减少对于非可再生能源的使用（如柴火、煤炭、石油、电力等）进行环境调控为设计理念的建筑形态。

的冷空气吸入帐篷内；当气候变冷时，则可以关闭屋顶形成温室效应来保存热量。

在中东的沙漠地区，人们通过搭建沙漠帐篷（图4）来躲避日间的炎热。这种简单的遮阳形式沿用至今，是一种常见的躲避极端热浪的临时性结构。

以上可见，人类在食物采集阶段就已经具有了观察自然、利用自然手段进行调控建筑室内环境的能力。我们的祖先使用原始的营建技术，凭借对自然的常识性的积累，建造出能够适应环境的居所。在这个时期，建筑的技术是低下的，但是却充分考虑到如何利用仅有的自然资源来提高居所的热工舒适性。可见建筑的生态观在人类开始建造活动的时候就已经开始产生，并且随着建筑的发展而发展。

三、生态观的发展

人类从食物采集阶段进入到食物生产阶段之后，直到工业革命之前，所掌握的一些调节室内环境的技术和手段并不充分。在运输和经济仍然非常不发达的时代，人类虽然已经懂得采用燃料来取得热量，并且知道如何将冬季的冰雪保存到夏季使用，但是自然资源仍然是最主要的能源形式。从古典时期直到工业革命之前的漫长时间里，建筑技术水平处于一个相对稳定的状态。人类运输能力的提高，建造技术的提高，在西方表现为建筑经历了从巢居—木石构，跨度逐渐增大，高度逐渐增高的阶段；在中国，则为梁柱和斗拱技术作为主要建筑体系的逐渐完善，而夯土、窑洞、干阑式建筑也成为了适应当地气候的建筑模式。人类形成了"尊重自然、顺应自然、和谐共处"的自然环境观。维特鲁威的《建筑十书》里就提到需要考虑主导风向，建筑朝南以避免湿气，以及利用柱廊来遮阳的设计思路。

在湿热气候区，如东南亚、澳洲、南美、非洲的热带雨林气候、中国广东、广西、云南等地，这些地方的当地建筑大都采用干阑式。如图7所示的泰国干阑建筑以及侗族干阑建筑（图8）的构造形式并没有太大的区别。两者距离几千公里，并没有直接的往来，却由于类似的气候环境，导致了同样类型的建筑形态。架空的楼面防止地面的潮气侵入室内，而高耸的大屋顶则将太阳辐射隔绝开，同时防止热屋顶的热辐射对室内环境的影响。

干热地区基本分布在赤道南北纬的15°～30°的区域，建筑面临强烈的太阳辐射，加之地表植被少，地表蓄热量小，昼夜温差大，这类建筑往往采用生土、石材等蓄热量大的建筑材料来降低日夜温差。伊朗的石坂地区（图9）的城市采用了夯土建筑，利用了夯土的蓄热效应来平衡日夜温差，并且城市建筑非常密集，造成互相遮挡，以避免强烈的阳光造成的过热。图5和图6所示是在阿富汗、伊朗和巴基斯坦等地区常见的"冰桶"（Yakhchal），是一种古老的在炎热的夏季储存冰块的建筑形式。在冬季收集到的冰块放置于冰桶里，就能利用它来抵御夏季的炎热。冰桶采用砂子、黏土、蛋清、石灰、羊毛和草木灰等拌合而成，能够很好地阻挡夏季热量的侵入。

而在干燥地区，人类还利用水的蒸发可以带走大量热量的原理来对建筑进行冷却。比如，可以把帽子、衣服弄湿来降低体温，这样的方式也被阿拉伯地区利用在建筑上。在巴基斯坦和中东等干燥气候带，古老的冷水装置已经被使用上千年，将水放入用酥松的陶土制作的陶罐内，陶罐上的酥松结构可以让水通过毛细管缓慢地渗出到陶罐表面，巨大的表面积，加上空气干燥，使得水可以进行有效的蒸发，从而带走大量的热量，并且冷却陶罐中的饮用水。当地建筑也具有一种通风管道（图11），并且在通风管道内也设置这样的陶罐，通过蒸发作用来冷却室内的空气。这种冷却塔（图10）成为了阿拉伯地区建筑的一个外观特征并延续至今。

寒冷地区的哥特和文艺复兴建筑大都具有厚重的外墙，这是为了利用墙体的蓄热效应，并且少开窗以减少热损失。古典主义建筑的大量柱廊，如圣马可广场的柱廊（图12），也利用了季节性遮阳的原理来遮阳，夏季阳光被柱廊遮挡不进入室内；而到了冬季，由于欧洲纬度较高，阳光几乎平射入室内，达到了良好的季节性调节阳光的作用，同时也具有美观且不影响视线的作用。

1964年伯纳德·鲁道夫斯基出版了《没有建筑师的建筑》一书，非常具体地以多元化的视角将传统建筑的多样化建筑形态提高到建筑学的层面，成为对现代建筑的反思与质疑。

图 5　"冰桶"
图 6　"冰桶"构造
图 7　泰国干阑式建筑
图 8　侗族干阑式建筑
图 9　石坂镇
图 10　蒸发捕风塔
图 11　捕风塔工作原理
图 12　圣马可广场柱廊
图 13　水晶宫
图 14　赖特设计的草原住宅

四、现代主义建筑与工业革命

工业革命之后，科学技术产生了飞速的发展。人类开始可以大规模地使用钢材、玻璃等建筑材料。并且空调技术、人工照明技术的发明，使得建筑可以不再完全依赖于自然资源。建筑师和工程师对自然的认识更加具有理论性和系统性，而建筑形态也产生了飞速的发展。

1850 年第一届伦敦世博会建造的水晶宫（图 13）就是这样的一个尝试。伦敦的气候决定了建筑只有采暖需求，而这个用钢铁和玻璃建造的博览建筑，只花了 6 个月时间就建成了，并且能够在气温下降的时候利用温室效应提供建筑的供热需求，在过热的季节则可以打开顶层的天窗来拔除热风。水晶宫在世博会后搬迁到伦敦南部的锡德纳姆山重建，也体现了钢结构建筑低廉的搬迁和维护费用的特点。甚至 1936 年水晶宫被大火烧毁后，水晶宫的钢材仍然悉数回收再利用，能够继续加工后被别的建筑使用，体现了建筑全生命周期的最优化设计。

这一时代对建筑形态的作用是最为积极的。技术的进步让建筑可以摆脱对空气调节、自然采光的依赖，电梯和钢结构则打破了建筑往垂直方向发展的桎梏，并诞生了高层建筑，19 世纪末芝加哥学派的诞生更是促进了建筑向高层发展的趋势。

五、现代主义的生态设计观

现代主义的先驱者们使用新技术、新材料、新结构发展出新建筑，出发点是为了摒弃装饰，提高室内环境质量和生活质量，建立属于新时代的建筑形态。表现之一就是利用自然环境满足人对建筑使用的功能上的需求。柯布西耶在《走向新建筑》中，以机器时代的造型事件作为证据，完成对学院派古典建筑体系的批判和继承，并提出一种不同于古典建筑体系的空间概念：全景敞视主义。以这种方式，这位现代建筑的先驱者在观念上为新建筑体系的出台作了充分的准备。

P·科林在他的著作《新生态建筑：一种现代主义运动的取向》中，详细论述了现代主义运动中建筑师在建筑的生态性方面所作的探索。格罗皮乌斯确定了如何以太阳照射角确定建筑的间距，并积极改革外墙构造以改善建筑的热环境性能。密斯的开放空间理论则提高了建筑的使用灵活性。柯布西耶则在"新建筑五点"中提出了屋顶绿化的重要性和底层架空延续地面环境的方法。阿尔瓦·阿尔托的北欧建筑擅长将自然景观与建筑相互协调。

这里不得不特别提一下赖特的"有机建筑论"。赖特在其早期阶段设计了大量的草原住宅（图 14），是系统地利用阳光、自然风等可再生能源进行被动式设计的建筑实践。赖特设计的住宅中最为著名的流水别墅，完全将环境同建筑融为一体。赖特无疑是四个现代大师中最连贯地将生态设计观念贯穿在其一生的设计实践中的建筑大师。

六、成熟的生态观——理解并适应气候

可见，不管是原始阶段的不自觉的生态建筑观，还是工业革命之后的现代建筑中的生态理念，都必须结合当地的气候来进行生态手段的应用，这也使得建筑呈现出明显的地域性特征。

在农业社会，人类能够利用的资源并不多。能够利用的自然资源有风能、太阳能（主要用于采暖）、在条件许

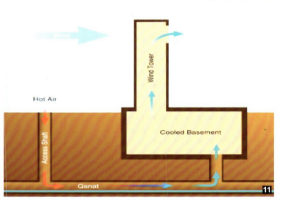

可的地点可以利用一下大地的蓄热性能，再就是一些类似于通过水的蒸发带走热量的比较复杂的营建手段，除此之外，就只能依靠其他的人工方法了。比如说，通过地窖储存冬季的冰块，以及燃烧木柴、煤炭、石油等燃料来取得热量。当时的人类主要只能依靠自然资源来稳定建筑的热工性能。在交通、运输很不发达的时期，资源有限的这个历史前提，迫使人类必须采用最聪明的手段去利用自然资源来提供建筑的舒适性，研究气候就变成了最重要的建筑设计的指导原则。

通过对温湿度表（图 15）的研究，我们可以把建造地的月平均气温范围标记在温湿度表上（如图 15 所示的红色线段为上海的月平均气温），并且通过观察气候落在温湿度表的哪个区域，来确定能够采用的设计手段。如：遮阳、被动式通风、增加蓄热体、蒸发水冷等无须消耗主动式能量的方式进行建筑的热工调节。

七、技术提升和经济发展对生态观的负面影响

工业革命带来的科学和经济的高速发展，造就了高度发达的社会生产力，使人类一度沉浸在无所不能的天堂般的幻想之中，觉得技术已经成为了人类社会改造自然的一种能力。尤其在空调、暖气发明之后，更使得人类的建筑实践开始远离自然规律，从而走上了技术至上的异化之路，也就是依靠主动式建筑设备来完善室内环境的设计手段。建筑的形态也就走向了为表现技术而表现，而不是表现适应环境而表现的态势。

1932 年菲利浦·约翰逊出版了《国际式——1922 年以来的建筑》，书中直接将方盒子的建筑作为国际式建筑风格，无视各种地方的气候差异，更加忽略了地方与文化的关联性。柯布西耶则在《今日的装饰艺术》一书中鲜明地提出，为了国际性必须废除地方性的说法，主张全世界按照可称之为现代民俗的规范建设来进行设计的理念。

虽然技术的发展已经可以让建筑师实现任何建筑形态，但这是以消耗不必要的自然资源为代价的。即使工程界在建筑节能设计上的步伐从来没能停过，爱迪生的 GE 公司从制造普通灯泡起家，到 21 世纪正式停产普通白炽灯，而用更为节能的新光源来代替；空调从普通的空气源空调走向水源和地源空调；锅炉从普通锅炉到现在成熟的冷凝式锅炉、热电联产锅炉、冷热电联产锅炉；太阳能集热、发电，风力发电等系统的不断推出，使用效率的不断提高，也赶不上世界各地兴起的越来越多的暴发户式的甲方和建筑师浪费资源的能力。这些都是技术泛滥化应用造成的生态设计理念的严重倒退。

与此同时，虽然一部分有前瞻意识的科学家们几十年来对过度发展提出了警告，但这一切还是被淹没在经济大发展的滚滚浪潮中。雷切尔·卡森在《寂静的春天》中昭示了全球环境污染问题的严重性，但是却被利益攸关的生产和经济部门所打压。1972 年丹尼尔·米杜斯向罗马俱乐部提交的报告《增长的极限》告诫人们，人类的发展不是无极限的，它受到资源有限性的制约。经济学家舒马赫在 20 世纪 60 年代提出一个观点 "小的就是美妙的（small is beautiful）"，这个为了减少无必要奢侈需求的可持续发展的观点，竟然在当时受到了学界压倒性的嘲笑。

虽然此时生态建筑设计理念还是由学界的一小部分人在坚持研究和发展，但是由于传统生态观的低调、和环境

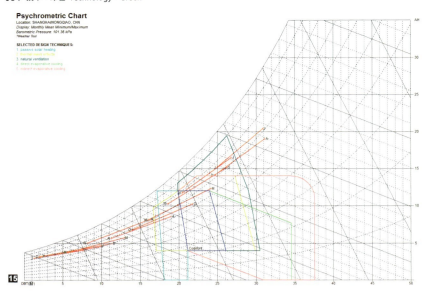

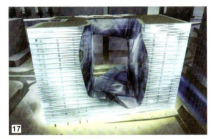

融为一体的建筑形态,而使得此类研究的声音日渐式微。福勒·摩尔在其《环境控制系统》一书中对建筑气候环境进行分析的手段,已经在一代又一代的建筑师中逐渐失传了。其设计的完全利用太阳能的住宅(图16)则已经几乎被遗忘。

八、21世纪的"生态"建筑趋势

我们不得不承认,21世纪是生态复兴时期。翻开任何一个国家的报纸,总能找到很多关于生态建筑的报道。从来没有哪个年代,生态建筑会成为如此热门的词汇,诞生了像伦敦新市政厅(图19)、诺丁汉Jubilee校区(图20)等优秀的生态建筑群。但是反思一下却又发现,21世纪又是生态概念最为混乱的时期。从工业革命到21世纪,建筑学的发展,已经逐渐被奢侈、铺张的建筑需求所挟持。

21世纪的前五年,世界经济增长迅速,也带来了世界各地新的建筑热潮。在中国和迪拜这些地方尤其是这样。而当经济过热的时候,"生态设计"则从一个本真的概念,变成了一个流行词汇,但凡是建设项目,都会冠以"生态"二字,这也使得这段时期,真生态建筑和伪生态建筑都在大量地出现。尤其是应该归类为高技耗能类的建筑,在热钱的追捧下,由于具有高技的外观,似乎更容易被公众接受为一个生态建筑。迪拜酋长对建筑师的要求是"我们需要在地球上其他地方不可能看到的建筑奇观",于是高楼的高度越来越高,先是一公里高层(图18),然后又出现一英里高层。而一座一英里高层往返底层和顶层在最理想的情况下就需要耗费半个小时。扎哈·哈迪德在沙漠中设计的全玻璃的迪拜中心又是一个超高能耗的代表(图17)。该建筑将全年暴露在最高温度超过40℃、56%时间超出28℃的阳光直射下。此建筑落成后,将需要一个小城市的电能消耗才能让其适合人类工作。这种建筑将需要巨大的能量输入,才能维持内部环境的舒适性。此类建筑的盛行无疑将大大地破坏生态设计在学术圈和公众中的认识。

这样的建筑"奇观"似乎无法躲避昙花一现的命运,迪拜的世界岛因为工期太快、缺乏维护,已经正在下沉。油价则已经超过了120美元的历史高位,而世界经济又正在面临不久的将来就可能到来的因为经济过度发展后必然的大衰退,这似乎正在提示我们,一个本真的生态设计时代即将回归。

注释:
① 图1～图11、图13、图14、图16～图18取自互联网。
② 图12、图19、图20为作者自摄。
③ 图15为ECOTECT软件模拟结果。

参考文献:
1. Sue Roaf. Ecohouse:A Design Guide[Z].
2. GZ Brown,Mark Dekey. Sun,Wind & Light:Architecture Design Strategies[Z].
3. Fuller Moore. Environmental Control Systems,Heating Cooling Lighting[M].

图15　温湿度涵表
图16　福勒·摩尔设计的住宅
图17　扎哈·哈迪德设计的迪拜中心
图18　迪拜一公里超高层
图19　伦敦新市政厅
图20　诺丁汉Jubilee校区

建筑表皮的魔力秀
—— 视觉艺术与绿色技术的当代演绎

吴爱民、耿跃、何俊超　　上海大学美术学院

The Magic Show of Architectural Surface
— Contemporary Interpretation of Visual Arts and Green Technology

Wu Aimin, Geng Yue, He Junchao　　College of Fine Arts, Shanghai University

图1　形体塑造
图2　表皮推敲
图3　方案实施

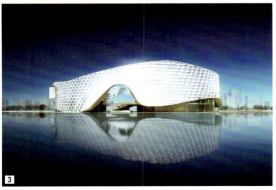

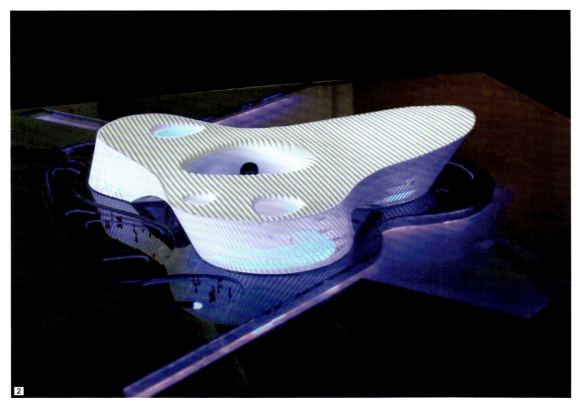

关键词：建筑表皮，艺术，绿色，秀

当代建筑的表皮设计，无论在视觉冲击力的营造方面，还是在物理环境的调控方面都比以往任何时代来得更加直截了当，不拘一格。当历史的脚步迈入21世纪，依靠材料的非传统性选择和创新性结构技术和构造技术的使用，并借助图形影像、信息传媒等社会元素，今天的建筑师在继承了前辈研究成果的基础之上，更是以一种超越者的姿态向世人展示着建筑表达方式所具有的种种可能（图1～图3）。

一、艺术秀

传统建筑立面表现的是以柱式、拱券、壁刻与浮雕等元素为对象的装饰主题；现代建筑立面倡导的是以体块、空间为核心的几何形式构成趣味；当代的建筑表皮则追求一种瞬间的刺激、一种视觉的享乐、一种新奇的体验。从建筑表皮的形体构成到表皮之上的光影表达，从表皮色彩的适宜搭配到材质的多样化选择，当代建筑师以更加广博的视角、更加多样的维度尝试着不同的表达手段。

1. 秀出姿态

现代建筑注重整体形态的视觉冲击力和完整性（图4），更加纯粹的艺术表现力，结合多样肌理、编织构造以及分形几何构成等细节趣味（图5），推出时代特色鲜明的惊世作品。无论规整还是怪异，个性的突出是必不可少的（图6、图7）。

2. 秀出光影

光与影的关系历来是建筑师关注的重点。在当代建筑表皮的创作过程中，新锐建筑师为创造出城市的个性、满足使用者的视觉期待，必然会大胆借用光与影这组设计元素（图8、图9）。随着建筑技术的进步、设计理念的完善、结构形式的丰富以及照明设备的更新，当今建筑表皮之上的灯光展现出来的是对城市历史和地理文脉的回应、是对技术美学和结构美学的尊重、是对夜景元素和建筑语汇的全新创造。设计师非凡的设计创意以及极富魅力的技术演绎，带给人们的是前所未有的视觉感悟和心灵震撼（图10、图11）。

3. 秀出质感

材料的质感是人类的感觉器官对某种材料的物理属性所产生的心理感受，这里所涉及的是视觉与触觉两个方面。由于质感具有这种双向识别性，因此它是使用者与建筑师实现心灵沟通的重要桥梁。今天，建筑表皮所具有的质感多样化特征不仅能够满足人们多变的心理需要，而且能够使建筑的形象变得生动且耐看，还能够在建筑与城市环境之间发挥一种协调作用，使得建筑与环境的融合更为精妙（图12～图14）。

4. 秀出色彩

在当代建筑表皮的色彩运用中，除了材质的本色以外，技术造色以及环境造色等多种造色手法使得今日建筑表皮所具有的色彩种类比以往任何时代都要丰富，建筑表皮色彩所能够起到的作用也比以往任何时代都要重要。今日建筑表皮的色彩不仅肩负起协调周围环境的责任，还承担起展现建筑形象、突出建筑性格的重任（图15、图16）。

> 建筑表皮不仅能体现出人们对美的诉求，而且同时能承载起众多的实用功能。
>
> 太阳能、空气循环系统、热通道玻璃幕墙、楼板水冷系统、再生能源、材料再利用等新鲜技术的应用，以及智能化的中央控制系统的发展，为人们营造出了更加友好的、更加生态化的生存环境。集当代技术手段与审美诉求于一身的新型建筑表皮将演绎一场精彩的、魔幻的视觉游戏，促使人们展开无尽的畅想。

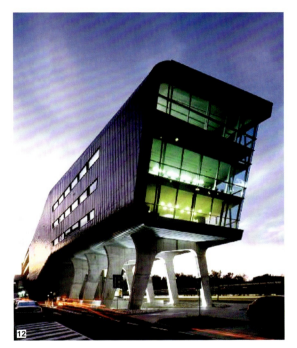

图 4　水立方鸟瞰图
图 5　水立方的细节趣味
图 6　克里夫兰诊所 Lou Ruvo 脑健康中心
图 7　上海世博会西班牙馆
图 8　法国凯布朗利博物馆
图 9　巴塞罗那某建筑的光与影
图 10　墨尔本戏剧公司剧场
图 11　苏州科技文化艺术中心
图 12　RELAXX 体育休闲中心
图 13　加州交通运输局总部
图 14　朝日广播新闻总部

二、绿色秀

在提倡生态环保、节能减排的时代背景下，建筑表皮的塑造不仅以美观悦目为目的，而且还需兼顾环境效益和经济效益。因此，当代建筑师在挖掘表皮艺术潜力的同时也十分注重对表皮生态功能的营造。如同服装设计师为应对气候的冷暖变化，会根据需要来选择服饰的面材一样，建筑师也可以根据环境的需要而调整建筑表皮的设计策略。如今，建筑表皮已逐渐实现了对自然能源的获取、对室内外气流的调节、对自然阳光的组织以及对室内环境温度的控制。一系列绿色技术的引入无疑极大地丰富了建筑表皮的技术内涵，它们将在建筑的表皮上谱写出更为秀丽、更具韵味、更显活力的技术乐章。

1. 秀出"低碳"

"绿色低碳、节能环保"不再只是一句口号，而是当代建筑师正在认真落实的一件事情。作为室内外空间环境的媒介，无论是低碳设计、低碳营造，还是低碳运营、低碳排放，建筑表皮始终是节能过程的直接参与者，是建筑与自然环境之间良性过渡的重要元素。建筑表皮的设置合理与否将直接影响到自然能源的获取与利用（图17～图20）。

2. 秀出生态

与绿色植物结合的建筑表皮不仅具有良好的隔热性能，而且能够很好地遮蔽过量的太阳日照。当炙热的阳光透过绿色的叶面射入建筑内部时，光线将变得柔和，色调将变得惬意，这恰好契合了长期生活于都市的当代人类对绿色环境的渴望。

绿色植物遮阳设计所涉及的内容是非常广泛的。就遮阳的部位而言，建筑师通常会选择在建筑的阳台、外挑构件、垂直墙面以及屋顶等部位进行设计。根据建筑在构造上、高度上的需要，遮阳植物既可以自下而上地向上攀爬，也可以自上而下地向下垂吊，还可以顺应建筑高度的变化分层设置。就对绿色植物的选择而言，建筑师通常会选用藤蔓类植物。藤蔓类植物在夏季往往是枝繁叶茂，而到了冬季则只会留下光秃的根茎，这将正好符合建筑在夏季阳光的遮蔽、在冬季对阳光的获取需求（图21～图24）。

三、生活秀

我们有幸处在这样一个充满机遇的时代。在开维集团投资的海南低碳型生态示范住区的设计中，我们尝试发挥建筑表皮的优势，充分考虑当地自然气候、地域环境、用地条件等生态因素的影响，创作出符合热带气候特色的既美观耐看又绿色经济的建筑。同时，各种生态建筑技术包括光伏发电板、太阳能热水、屋顶绿化、中水处理、电动遮阳、沼气利用、生态沟渠、垃圾回收等均被大量地应用到项目中。

1. 秀出空间

开维集团办公大楼是一个极其有趣的项目，业主准备在这里建一个红木家具博物馆和木雕博物馆。我们发现处理好办公区与展览区之间的关系将是方案成功的关键，最终的方案将办公与博览空间清晰地分开并充分表现出各自的性格。架起的展厅渗透出环境宜人的院落空间，水平伸展的裙房与向上的办公形象形成对比，展厅呈腾跃态势与办公大楼的错落节奏形成灵动而富有张力的视觉感受（图25）。在距离行人较近的展廊上设计了生动时尚的龟裂纹表皮，为展厅空间提供视线的遮挡；主体建筑则以金属穿孔表皮包裹形成完整的建筑外观，同时起到遮阳的作用（图26）。通过这两种表皮纹理的组合，结合屋顶绿化所暗示出的别样的活动空间，建筑的表情得到了极大的丰富。

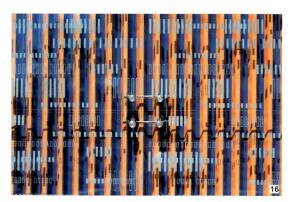

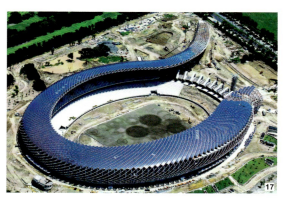

2. 秀出动线

开维集团办公大楼的设计中对于动线的表现不遗余力,并成为其形象的特征表达。建筑表皮后面映衬出丰富的内部空间形态和动线体系,彰显出与众不同的建筑趣味。展厅的参观路线构成了裙房的跃动;主楼无障碍坡道、楼梯以及回廊在金属表皮的背后忽隐忽现,妙趣横生;通向办公大楼的入口暗示出内部的行走路线。内外贯通的空间处理手法凸显了地域性特征(图25)。

3. 秀出风情

业主希望这座建筑能够突出海南特色和现代气息,同时应体现中国南方传统院落的精髓。建筑设计的内部院落与外部广场通过翘起的裙房联通,为建筑提供了良好的风环境。院落周边浅水涟漪,郁郁葱葱的椰树遮天蔽日,围绕于回廊的各个小空间均有各自不同的视野和风韵,充满了热带气息和绿色活力,完全是一场热带建筑的风情秀(图25、图26)。

图15 工业技术造色
图16 印刷技术造色
图17 表皮获取太阳能
图18 表皮通风
图19 表皮遮阳
图20 表皮导光
图21 绿色植物表皮(案例一)
图22 绿色植物表皮(案例二)
图23 绿色植物表皮(案例三)
图24 绿色植物表皮(案例四)
图25 开维集团办公大楼(低视角)
图26 开维集团办公大楼(鸟瞰图)

未来城市
—— 未来生存与生活方式的探索之旅

吕品晶、范凌　　中央美术学院
维尼·麦斯、提哈梅尔·萨利基　　荷兰代尔夫特技术大学

未来城市，这是一个前瞻性的研究与设计课题。通过跨学科合作，汇聚不同学术机构、设计师和思想家，对当代城市的命题进行探讨。该课题试图研究当代城市的诸多话题：资源短缺、恐惧、价值、美学、欲望、机会……

The Next City
— Excursions on Future Living and Life Styles

Lv Pingjing, Fan Ling　　China Central Academy of Fine Arts
Winy Maas, Tihamér Saliji　　Delft University of Technology

The Next City. It is a forward-looking research and design issues through interdisciplinary cooperation, convergence of different academic institutions, designers and thinkers. It's a rethink to the proposition of the contemporary city. The joint course trying to research on topics of contemporary cities: the shortage of resources, fear, value, aesthetics, desire, opportunity ...

一、目的

该联合设计课程的目的，是促进中国和荷兰之间的国际设计文化合作与交流。来自时装设计、产品设计、平面设计以及建筑等领域的知名研究与设计机构，以定性及定量方式对"设计指导研究"与"研究指导设计"的思想方法，进行跨文化交流与实践。

二、挑战

课题所面临的挑战是如何在当下的城市语境中重新界定传统设计学科的领域和学科性，怎样将不同的诠释、视角与未来城市生活的语境融合在一起。一方面该课题旨在研究不同设计学科对未来的城市生存与生活方式的影响；另一方面，它挑战着时装设计、产品设计、平面设计以及建筑等领域的创新能力与设计能力。每个设计学科的灵感来源将会是什么？每个设计学科将在怎样的参照系中探索其设计潜力？

三、时间安排

联合设计课题分为三个主要部分。

第一部分是 4～5 周的初步研究阶段，对本课题所提出的问题和现象进行研究。

第二部分为头脑风暴阶段，通过在鹿特丹及北京两地进行的工作营、讲座和参观进行跨文化、跨学科的思维碰撞。参与者将集思广益，提出新的不同的生活方式，并在两个城市作实际的现场调研。展示参与者在两个城市就所选题目进行探索式与体验式绘图，以此作为两个工作营的成果。然后，以小组的形式展示参与者们对未来生存与生活方式提出的概念设计方案。

第三部分旨在将所作的探究与概念设计进行更加个性化的深化。同时，鼓励参与者基于先前阶段的工作继续研究，并以他们的学科背景及方法来促进他们对鹿特丹和北京这两个城市设计方法的探讨。

四、背景

未来城市的理论及实践内容，是思考和反思我们现今社会与城市环境在不久的将来所面临的挑战，重点放在"未来"概念层面上。这意味着来自时装设计、平面设计、产品和工业设计及建筑领域等不同学科的设计师不仅仅将继续面临高科技、虚拟环境以及美学价值不断变化的问题，还将继续面临其他更多的棘手问题，如迅速变化的城市中环境、政治、经济、文化和社会转型等问题。其中暂时性不再将"未来"诠释为遥远的幻觉、"梦想"或"幻想"，而是"此时此刻"的巨大担忧。

该联合设计课程基于以下假设：设计师不只是简单地以现状看待世界，而是要看到它能够成为的状态。世界是探索偶然性与选择性的实验场。对于创新性设计、现代化、可持续性以及对人造物、角色、身份、地点、基础设施和建筑物、服装、界面、符号等的替代性的政治、技术、社会或经济构成这些命题，其创造的主要源泉来自于与事实相悖的想象以及对欲望和需求的热衷。

总之，我们将研究人口密度、社会差异、地域性与全球化特征、城市的生长和衰落、非正常的经济与居住状况、流动性、文化遗产以及现代化、标志化形象等主题性的城市现象。主要目的是将这些现象视为每个学科挑战预测性研究和设计能力的灵感源泉。参与者将深入不同的学科回应这些现象，即通过提出替代性的模型、策略、设计以及最终的介入，有效地向人们展示现在和未来生存与生活方式的复杂性。

五、重点

由于采用综合学科的方法，使工作室成为了一个合作型的智囊团，范围扩展到用理论与内容驱动设计以及分析性研究。我们将通过两个城市的实例研究，将未来生存与生活方式的主题与对现实的承诺紧密联系起来，以激发我们的想象力，也将其与我们对未来的设计联系起来（图1～图7）。参与者将就以下问题进行讨论并提出建议与议程：

各设计学科的灵感源泉是什么？
探索各学科潜力的参照系是什么？
各学科将怎样为未来城市作出贡献？
不同学科将会从何处介入并创新？
各学科将如何为城市生活的提高作出贡献？
为了达到更高质量的生活水平和提高生活标准，应采取怎样的改进措施和需要解决什么问题？
什么样的潜在力量与趋势能在各学科范围内塑造出未来城市及其生存与生活方式？
什么样的概念、功能、产品、特征、风格、设计以及象征意义将主宰变化，成为未来城市的品牌？

图1 联合设计设计交流过程（中央美术学院）1
图2 联合设计设计交流过程（中央美术学院）2
图3 联合设计设计交流过程（中央美术学院）3
图4 联合设计设计交流过程（中央美术学院）4
图5 联合设计设计交流过程（中央美术学院）5

为了探索这些问题，各学科将进行一个在全球化层面与地域性层面对北京和鹿特丹的研究。参与者将从研究角度看待设计，也从设计角度看待研究。

六、工作营

作为一个智囊团的两个工作营，在北京和鹿特丹两座城市的激发下，孕育出无数关于未来生存与生活方式的想法。目的都是通过聚集来自不同学科的从业者、设计师与研究者，以明确新兴的设计主题。因此，需要通过对技能与背景的综合权衡，来积累跨文化与跨学科的经验。跨学科很重要的挑战性在于，要求不同学科的参与者混合成很多小组，一起探讨不同的相关话题。两个工作营将采用团队教学形式，导师也混合进团队之中。导师或团队不只与一组学生对应，方便传授更多专业知识，也让学生容易获得更多批判的声音。这种方式希望这些工作营可以成为推进该技术设计研究议程所形成的新型合作网络的基础。

在工作营开始之初，所有参与的大学都将展示其对工作室主题的研究、发现与反思。参与者应提出具体的研究问题，说明他们要怎样探索、解读与再研究鹿特丹和北京这两个城市。陈述将基于前一阶段进行的初步设计和研究。

在工作营期间，将探索对不同城市现象的反思，并以城市的尺度以及个人化的尺度绘制出来。因此，参与者将仔细地用身体去探索、观察并感受两个城市的特性、流动性、娱乐消遣、居住情况、社区生活、象征意义、标志性形象等问题以及其他关于生存与生活方式的问题。参与者将深入探讨这些焦点问题，并在实际的练习中合作，此实践是专门为显示那些会不断影响产品、服务与环境设计的问题而设计的，这些因素在不远的将来将成为城市景观的组成部分。两个工作营的成果将会明确设计师与技术专家在建造未来城市景观时必须面临的挑战及他们如何为未来的城市生活和生活方式作出贡献。

两个工作营的最终目的是获得一系列的、多层面的"绘图"——支撑且推动接下来最后阶段创造性设计过程的灵感源泉。

七、最终成果

最终成果为从不同研究、策略与绘图衍生而来的预测性后果及其投影性设计，在2011年1月展示。什么样的概念、功能、产品、特征、风格、设计与象征意义将最终主宰变化，成为未来城市的品牌？哪些元素、产品与设计将成为北京和鹿特丹未来生存与生活方式的驱动力？

图6　联合设计设计交流过程（代尔夫特理工大学）1
图7　联合设计设计交流过程（代尔夫特理工大学）2

参与学校

建筑：
中央美术学院建筑学院，指导老师：吕品晶、范凌
代尔夫特理工大学（TU Delft）The Why Factory，指导老师：Winy Maas, Tihamér Saliji

平面设计：
中央美术学院平面设计系，指导老师：王敏、林存真
桑德伯格艺术学院（Sandberg Institute），指导老师：Hendrik-Jan Grievink, Coralie Vogelaar

产品设计：
清华大学美术学院工业设计系，指导老师：唐林涛
埃因霍温设计学院（Design Academy Eindhoven）产品设计系，指导老师：Mara Skujeniece

时装设计：
北京服装学院，指导老师：邹游
阿纳姆学院（Arnhem Academy），指导老师：Jeroen Teunissen（http://baskools.com/Bas_Kools_Material/Arnhem_academy.html）

项目协调人：
荷兰：Tihamér Saliji（代尔夫特理工大学），
中国：范凌（中央美术学院）

未来城市 —— 设计作品
The Next City — Course Works

我 — 王朝 (Me-Dynasty)

简介：城市，不可能是由设计师单独设计来完成的，而应该是由每一个居住其中的居民共同设计的。设计师所设计的城市是他自己的，只有当每一个人都是城市的设计师和建造者时，这样的城市才能适应每一个人的需求，让人们在其中获得快乐和舒适（图1～图10）。

小组成员：

彭尚文	清华大学美术学院，汽车专业
谢雪泉	中央美术学院设计学院，平面设计
张明明	中央美术学院建筑学院，建筑设计
Lotta Douwes	埃因霍温设计学院，室内设计
Camille Riboulleau	埃因霍温设计学院，室内设计
Andrey Wang	埃因霍温设计学院，室内设计

图1　我们首先参访了15个人，让他们在15分钟之内用一张A4的白纸"建造"出他们心中的未来城市
图2　得出15个我们最初的城市模型，例如：道路＝房子＝可行走的城市、可飞行的城市，全透明的高科技房屋树屋……
图3　然后再根据这15个城市原型来搭建属于大家的未来城市
图4　最终城市模型搭建中
图5　最终4个城市模型及细部节点1
图6　最终4个城市模型及细部节点2
图7　最终4个城市模型及细部节点3
图8　最终4个城市模型及细部节点4
图9　最终4个城市模型及细部节点5
图10　最终评图

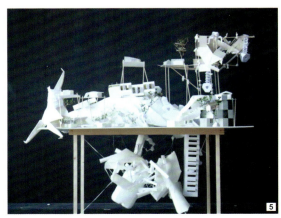
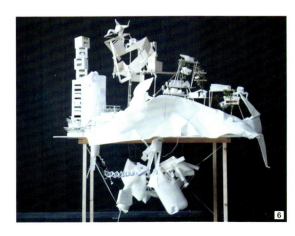

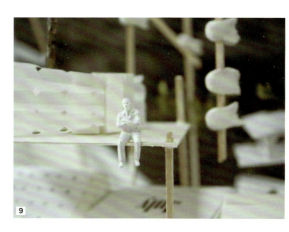

"STREET"
从城市街道到未来城市

简介：街道不是简单用来通行的——街道的构成是丰富的，不仅仅是交通工具或是我们行走的界面，更是多种元素的集合。街道是社会互动的大熔炉——工作、交流、庆祝、抗议、贸易、运输和居住的交织；街道是分享的场所，是让人们在一起的公共区域。我们可以通过城市街道来阅读一个城市，因为我们所穿越的不是一个简单的界面，而是由它开始的一系列故事的起点。我们开始思考从城市街道到未来城市，它会带给我们怎样的期待。在想象未来的街道生活的同时，也在期待它来带动、激发一个未来城市（图1～图10）。

小组成员：

王亮	中央美术学院设计学院，平面设计
赵明思	中央美术学院建筑学院，建筑设计
陈瑶	中央美术学院建筑学院，建筑设计
Julie Wolsak	代尔夫特理工大学，建筑设计
Steef Pootjes	代尔夫特理工大学，建筑设计
Marta Relats	代尔夫特理工大学，建筑设计

图1 荷兰的街道
图2 北京的街道
图3 设计概念
图4 展示网络社交信息
图5 停车位提示
图6 游戏
图7 街道构成方式1
图8 街道构成方式2
图9 街道构成方式3
图10 最终成果

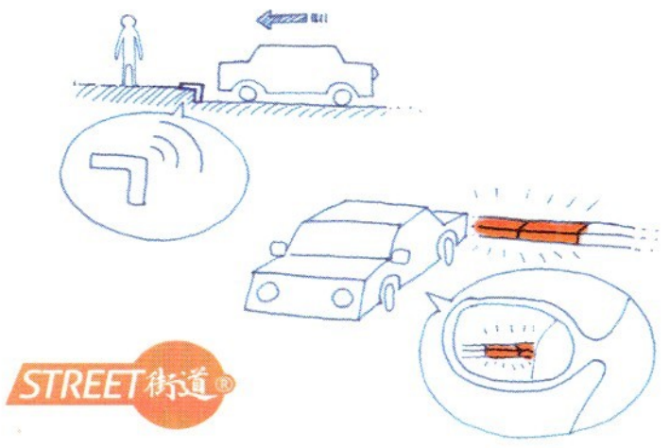

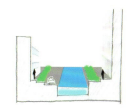
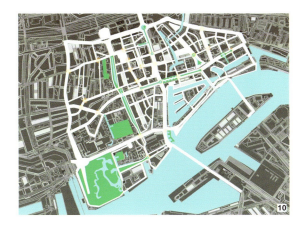

堵车城市 (Jam City)

主题简介："堵车城市"小组的课题是从前期探讨一个城市发展的世界性问题——"堵车"开始的。我们认为堵车在给人们带来不便的同时,也在促进另一种新的生活方式、新的社会关系、新的交流方式的产生。在如今快节奏的生活中,每个人都希望自己的时间能够更为高效地利用,课题就是针对不同情况的堵车,人们如何能够更为高效、合理地利用这段时间展开的。随着城市的发展,越来越多的人拥有自己的私家车,车不仅是人的代步工具,更是人临时性的私密空间、交往空间。小组成员根据自己的专业背景,针对不同的尺度、不同的人群、不同的需求等,将堵车问题作为一个新的设计机会,来探讨堵车过程中可能产生的新生活方式、交流方式。

小组成员:

吴倩君	清华大学美术学院,工业设计
张 菡	北京服装学,服装设计
岳宏飞	中央美术学院建筑学院,建筑设计
綦娅明	中央美术学院设计学院,平面设计
Denta Borgo	代尔夫特工业大学,建筑设计
Janneke	桑德伯格艺术学院,平面设计
Gladys Tumewa	阿纳姆学院,服装设计
Sander Wassink	埃因霍温设计学院,家具设计
Maartje Smits	埃因霍温设计学院,数码影像

  0 km/h

  5 km/h

  10 km/h

  15 km/h

  20 km/h

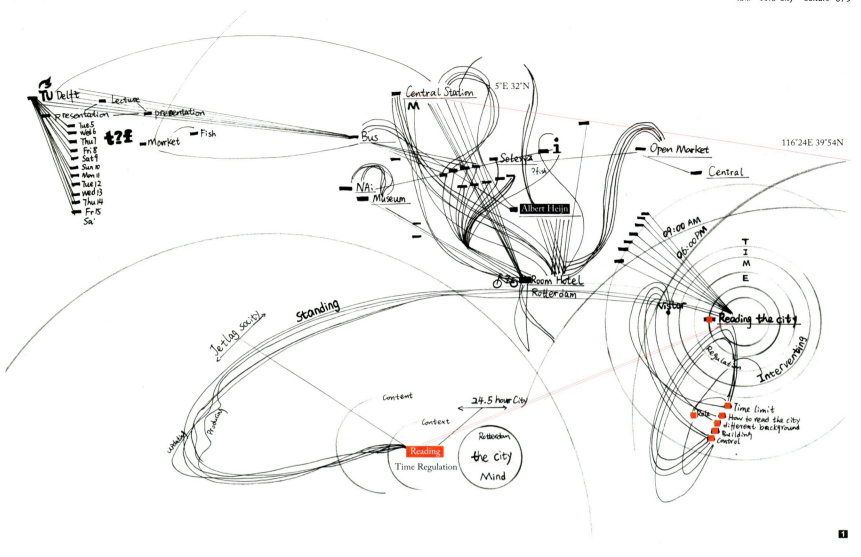

时差 (Jetlag)

简介：在鹿特丹，我们（中国学生）是旅客；在北京，荷兰学生是旅客。在不同的地域、时间背景下，大家同时对彼此国家的时间规则感兴趣。在北京，城市发展与人们的思维并不是一种匀速发展的关系；在鹿特丹，要思考如何在均质城市系统下注入新的活力。时差之含义，即在空间范畴之外，讨论时间问题（图1～图9）。

小组成员：

刘静	中央美术学院设计学院，视觉传达
李思思	中央美术学院建筑学院，建筑设计
Renske van Dam	代尔夫特理工大学，筑设计
Simona Kicurovska	桑德伯格艺术学院，平面设计
Brigiet	桑德伯格艺术学院，平面设计
Yohji van der Aa	阿纳姆学院，服装设计

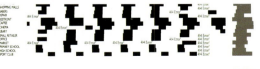

图1　概念草图
图2　作为一个参观者在鹿特丹所体验的街道
图3　鹿特丹商业的营业时间：上午9:00 至下午 6:00
图4　非营业时间
图5　活动时间图标
图6　概念图解 1
图7　概念图解 2
图8　概念图解 3
图9　概念图解 4

DAY RHYTHM

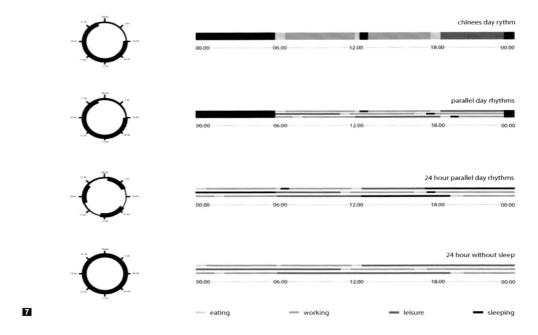

PUBLIC SPACE RHYTHM

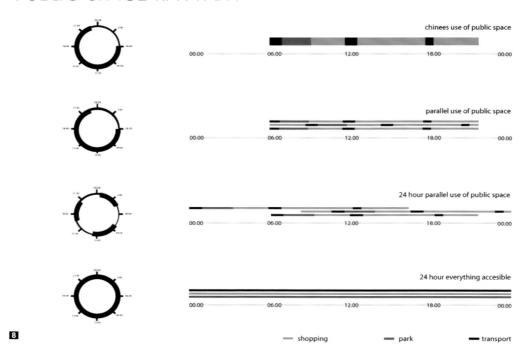

PRODUCING RHYTHM

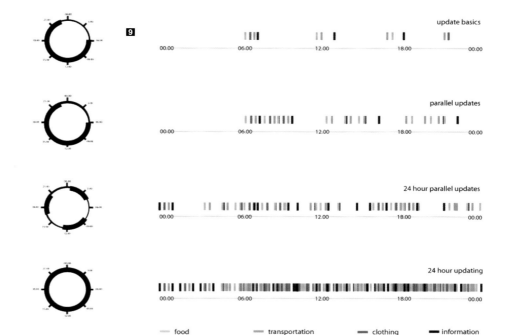

设计师必去威尼斯的理由
—— 走读"2010 威尼斯建筑双年展"

苏丹　　清华大学美术学院

在国内一些双年展已至不堪入目的状态之时，每一次威尼斯观展都会给我心灵的震撼。

The Attention to Venice
— Interpretation of "2010 Venice Biennale of Architecture"

Su Dan　　Academy of Art & Design, Tsinghua University

Each time I get shock in Venice during I visit the "Venice Biennale of Architecture", while some kinds of Biennale have been intolerable to the eye.

图1　2010年威尼斯建筑双年展开幕
图2　威尼斯难得一见的林荫大道
图3　瑞士国家馆
图4　展场入口处的"椅子"装置
图5　瑞士馆内的桥梁作品展

　　许多人因为莎士比亚而去威尼斯，也有许多人因为朱自清的散文去威尼斯，而我去的理由则是双年展。当代中国人口的活力促动着经济活力，经济的成功又带动了文化发展，迫切发展的心情使得我们对世界上一切先进事物抱有一种极其渴望的欲望，对技术如此、对经济模式如此、对文化亦如此。对速度的追求，导致我们不愿静下心来深入地对一种既往成功的模式进行研究，而是更为关注它的外在形式。外在形式的模仿是一种较为经济的行为，尽管无法获得本质的进步，在浮躁的时代却是一种事半功倍的方法。但有一种模仿却令人不齿，那就是仅仅停留在命名上的模仿，它会快速瓦解人类煞费苦心所建立的神圣概念。当"双年展"在中国正在被快速庸俗化的时候，我更坚定地在每一年的暑假奔赴亚得里亚海边的小城——威尼斯去朝圣和采集。因为它是"双年展"的发源地，是双年展文化的上游，往往上游的水质在下游被污染得面目全非时能依然保持纯净。的确如此，在国内一些双年展已至不堪入目的状态之时，每一次威尼斯观展都会给我心灵的震撼。

　　威尼斯以其特别的城市形态闻名于世，它还拥有众多的广场、建筑以及桥梁。它们集优雅、精致、浪漫于一体，尺度宜人、小中见大，广场与街道、街道与建筑、建筑与细节之间保持着良好的尺度关系。威尼斯建筑双年展的主展场位于威尼斯岛的东部，这里是该岛尺度突然失控的地方，细密的城市网络到此开始解体变为大尺度的格局，如同两个不同世界交界的边缘。绿树成荫的公园（Giardini di Castello）和粗放直率的"军械库"（Arsenale）彻底扰乱了该岛给人习惯的记忆，通畅接管了细密严实、自由散乱代替了拘谨。而来自世界各地的艺术家和建筑师的代表，每年一度地在此用他们的智慧和激情为这座古老精致的水城扮演着另一种风景（图1、图2）。

"建筑"既是一个名词又是一个动词,它是人类活动最为古老的一种方式,这种活动在今天因为人口的不断激增和都市随之的快速膨胀而依然充满着活力。它不断折射着人类思想的变化和技术的成就,继续扮演着人类社会发展化石的见证作用。无论伟大的建筑还是平凡的建筑都准确记录着人类的技术、人类的思想状态,人类的历史在建筑中展开,人类的建造活动也不断地把文明向前推演。同时,在营建的过程中,"建筑"不断地解决问题又不断地产生问题,成为促使人类在这个悖论之中不断地思考,终于成为不断进步的重要途径。因此,在人类社会最为敏感、最为尖锐的思想争辩的场所,"建筑"无法缺席。

历史悠久的威尼斯双年展于 1980 年设立建筑部,从此开始独立地把建筑领域的现象、成果、问题以及思考的状态向世人展示,希望引起全社会的共同关注。这样就使一个专业话题进入社会的视野,以此获得巨大的发展动力。建筑双年展和艺术双年展一样采取独立策展人制度,以保证展览在视角上的独特性和思考的全面性。本届建筑双年展的策展人是日本当代著名建筑师妹岛和世,她也是 2010 年度普利策奖的获得者。她为本届双年展所定的主题为 "People Meet in Architecture",直译为 "在建筑中相会"。我个人认为这个主题应当包含着更为广泛的寓意,绝非仅仅局限于建筑对人的空间意义。比如有关建筑的话题和重要的建筑事件对人的影响,甚至建筑行为在社会其他领域中的推广等。本次双年展首次选用活跃在创作第一线的艺术实践者或建筑师为策展人,开创了自活动创立以来以非理论家执掌大展方向的先河。这并非是一种随意性的决定和选择,这种变更似乎向我们预示了诸多的艺术实践和设计实践发展的趋势,耐人寻味、发人深省。

双年展依据空间场所的格局分为两大部分,Giardini di Castello 是一大片被海水和运河分隔出的公园,这里植物繁茂、古木参差,分叉的两条大路把园区分成不同的区域,其间散落着风格迥异的几十座小型单体建筑,固定的国家馆展区便设立于此地。每当展览开始时,这些小型的建筑就被改造成各国的国家馆,向参观者展示不同国家的艺术态度和艺术成就。"军械库"(Arsenale)是由高大森严的壁垒围成的兵工厂区厂,其中有大片相互连通的厂房和仓库,威尼斯双年展策展人召集的主题展就在这里举行。这两片区域平日里保持着一种疏于管理的"荒废感",如同被人遗忘但却充满生机的后花园。只有在每年

图 6　某桥梁所在区位地形图
图 7　某桥梁照片
图 8　展示构架
图 9　某桥梁模型 1
图 10　某桥梁模型 2
图 11　瑞士桥梁历史发展回顾
图 12　其他国家馆中的建筑设计作品 1
图 13　其他国家馆中的建筑设计作品 2

一度的大展期间，会有多达数十万的参观者涌入此地，来此观赏艺术界盛开的奇葩，拣拾思想的碎片。威尼斯双年展与卡塞尔文献展、圣保罗双年展是全世界公认的先锋艺术和设计展览的顶级大展，其既是一个召集者，呼唤着来自全球的不安分的思想家和无畏的实践者在此表达，又如同一个巨大的磁石，吸引着无数对生活和世界甚至对自我充满好奇与困惑的人，引导他们在思想的密林中穿行并寻找光明的出口。

展览的主题往往只是一种提示，它并不会对每个展览的内容进行强制性的干涉，这种宽容的文化恰是每年参展作品精彩纷呈的重要原因。"People Meet in Architecture"既然可以宽泛地理解为建筑是一种人与人交流的媒介，那么它就可以包容多种多样的形式。比如令人关注的瑞士国家馆的主题是"景观与结构工程"（Landscape and Engineering Structures），它以遍布瑞士峡谷溪流的桥梁工程为例，来表现瑞士独特的地理对其建造观和建造能力的深远影响。美国馆的主题是"专题讨论：一个美国式的建筑实践"（Workshopping:An American Model of Architectural Practice），它以商业建筑为例来阐述美国独特的实用主义建筑观。奥地利国家馆的主题是"建造过程中的奥地利：围绕世界的奥地利建筑"（Austrian under Construction:Austrian Architecture around the World）。在奥地利的国际建筑馆中陈列了大量当下奥地利正在建造的和计划中的建筑方案，同时还展出了一些关于未来的城市计划，从这些现象来客观表现奥地利当代汹涌澎湃的建筑思潮。罗马尼亚国家馆的主题是"令人费解的1：1"，但当你在此馆中穿越并作短暂停留之后就会领悟策展人深刻而巧妙的寓意，一个扭曲的方盒子建造在一个新古典风格的老房子里，这种手法制造了空间中的强烈冲突，而悬念的解释又颇具东方式的智慧（图3～图21）。

Giardini di Castello 国家馆展区总体上是在表述一个国家独特的建筑主张或者是建造条件，相对而言即使展览的手法不断创新，但策展的思路还是受到一定的局限。而在Arsenale展区则由于摆脱了沉重的国家话语，展览的思路就开阔了许多。各国的建筑师们从不同的角度去透视建筑这一既传统又不断创新的事物，巨大的工业建筑空间串联而成的展区内高潮迭起，无休无止。来自西班牙的设计机构Anton Garcia-abril&ensamble Studio的作品"平衡操作"（balancing act）利用一系列的从尺度巨大的构筑物到小型的装置，对一个新落成的单体建筑的结构技巧予以精彩诠释，出色的分解方式令我们强烈地感受到建筑师对于结构所拥有的创造激情。结构这一充满古典建

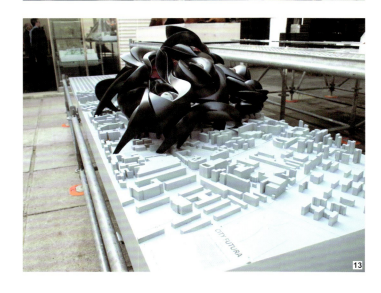

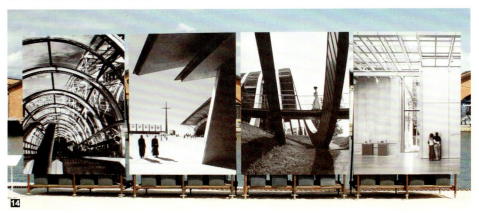

筑精神的事物在当代仍然焕发着炽热的活力，新一代的建筑师在创新的路上不断回到原点，重新思考，以寻找创造的力量。来自中国的建筑研究机构Amateur Architecture Studio的作品"圆顶的衰退"（Decay of a Dome）也是在结构技巧方面进行着有趣的探讨。展区也不乏一些远离本体进行探讨的作品，如Transsolar+jetsuo Kondo Architects的作品"云彩奇观"（Cloudscapes），该作品利用物理原理在厂房空间内生成了一个云蒸霞蔚的微观环境，一组双向循环的金属桥让人在缓慢的行进中感受雾气的变化。这个作品中不见建筑，只有环境，但谁又能否定环境和建筑越来越密切的关联呢（图22～图29）？

中国临时国家馆位于"军械库"（Arsenale）末端的一处露天草坪——"处女花园"（Virgin Garden），紧邻花园的一座油库也是中国馆的一部分。许多人认为中国馆是历届双年展上最为独特的国家馆，首先，因为它面积大，遥遥领先于其他国家馆。处女花园总面积达1500m²，油库面积也近800m²。其次，中国国家馆也被人喻为"有场无馆"，因为花园中没有任何建筑，而油库中则堆满了巨大的油桶，只留下两条狭窄的过道可以作为展览空间。因此，在我的印象中，中国馆的展示方式总是尽量利用外部空间来布置作品，室内空间中只有满眼屋架的顶部是一片相对完整的展示部位。2007年中国艺术家尹秀珍的作品"武器"（Weapon）就是充分利用顶部空间的一次绝佳尝试。本届建筑双年展的中国策展人是唐克杨，他为国家馆拟订的主题是"一个中国式的约会"（Here for a Chinese Appointment），这个主题紧密地与大展的主题相关联，"成

图14 小广场前的大幅海报
图15 其他国家馆中的建筑作品3
图16 其他国家馆中的建筑作品4
图17 瑞士馆作品
图18 罗马尼亚馆作品
图19 其他国家馆建筑作品及细部1
图20 其他国家馆建筑作品及细部2
图21 其他国家馆建筑作品及细部3
图22 西班牙馆作品"平衡操作"1

为一个互补互联的叙事结构"（评论家范迪安语）。内容分为装置作品、约会的建筑、案例索引三大部分，作品由三个大型的装置和一组影像组成。

中国国家馆的特殊位置使得我们在双年展中存在两种扮相的可能，其一是充当整个"军械库"区的高潮或华彩乐章，即扮演着举足轻重的角色；其二是尾声或华丽的叹息。由于双年展特殊的气质，它不需要一个国家和另一个国家因场所关系而在内容上相互呼应，因此它也不会强制性地要求空间上处于末端的国家一定要扮演尾声的角色。换句话讲，双年展不是大合唱而是众多独唱的结合，那么充分和深入的同时又是非凡和艺术地在世界面前的表达，是每一个参加者的愿望及其责任。中国首次参加威尼斯双年展可以追溯到 1980 年，那时正是国家实行改革开放、面向世界之际，西方世界亦想通过世界重要展览的参与将中国带入国际艺术的文化语境之中。1980、1982 年我国分别以"民间剪纸"和"刺绣"亮相水城，这是一段令人尴尬又无奈的历史记忆。我们虽然没有误会世界的善意，但我们却无法融入世界当代文化的语境。虽说历史尴尬的一幕永远令人汗颜，但它又无法回避，因为那是进步过程中必须逾越的坎坷。当然这样荒诞的开局也是短命的，而后

的 20 年中国国家馆进入了一个漫长的休眠期，直至 2003 年我国政府才再次决定以国家身份参与威尼斯双年展。

参观双年展感触多多，自 20 世纪 80 年代中期以来中国当代艺术的发展令世界瞩目。多样的文化交融形成艺术生长的沃土，激烈的意识形态碰撞以及经济发展的不均衡所造成的不同阶层、不同阵营的社会对抗，是促使艺术家思考和践行的动力。同时，经济的持续快速增长又为艺术的成长提供了良好的物质条件，它弥补了社会机制欠缺所造成的空洞。20 世纪 90 年代以来，中国的艺术家屡屡以个人身份亮相威尼斯双年展，并获得巨大成功。随后他们在世界最为重要的展览中频频亮相且每每获得赞誉。但在其他重要国际建筑展和设计展中，却鲜见这样的中国风景，这其中的原因是值得建筑界深入思考的。

本次威尼斯建筑双年展中的中国状态，很难和我们这块土地上正在发生的轰轰烈烈的设计实践产生匹配的感觉。本土建筑师们在思想和技术两方面的准备明显不足，国家相关的机构再次扮演了一个失位的角色。我们可以在奥运、世博以及亚运这样的群众参与度很强的项目上投入巨额的资金，但在对待精英阶层所热衷的活动上投入却过于微薄。也许我们不认为真正的思想解放是生产力的解放，

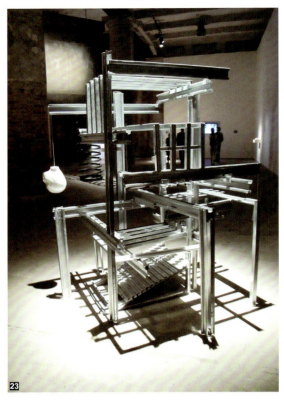

图23 西班牙馆作品"平衡操作"2
图24 西班牙馆作品"平衡操作"3
图25 西班牙馆作品"平衡操作"4
图26 德国馆作品"云彩奇观"1
图27 德国馆作品"云彩奇观"2
图28 德国馆作品"云彩奇观"3
图29 德国馆作品"云彩奇观"4
图30 中国建筑师王澍作品
图31 中国国家馆前的"曲水流觞"
图32 中国国家馆前广场上的景观作品

设计活动只是雕虫小技而已，捉襟见肘的资金投入在很大程度上影响了策展人和参展艺术家的状态。面对这种令人失望的现实境况，可以透视到一种短视的发展和崛起思维，那就是我们对文化和艺术的理解还停留在机会主义的早期形态上，中华民族文化的伟大复兴仅仅像是一句口号，看不到面对乱象冷静思考中的理性和解决问题的践行。下面我略举几例简单介绍一下我们的近邻韩国的做法，或许会对我们麻木的认识有所刺激。近年来韩国高度重视国家的文化创意产业，2009年韩国第二届奥林匹克设计大会在全球金融危机的条件下如期举行，但依然盛况空前。1988年汉城奥林匹克运动场被用来作主会场，看台下面的空间被利用作设计作品的展示，世界上许多著名设计机构和设计家被邀请来参加此次活动。韩国政府的相关机构为此专项划拨71亿韩元的经费，这为展览活动和设计论坛的顺利进行提供了根本性的保证。韩国在金融危机的不利条件下能够如此投入于设计展，其原因在于对设计的意义和设计价值的准确判断。他们希望通过国家倡导和支持，来建立合理的、同时又具有巨大生产力和创造力的设计产业结构，通过全社会的调动来营造优越的、有利于设计业成长的社会环境。

中国的设计群体在当代重要展览中的尴尬处境，也和我们的设计文化有密切的关系。我们的设计文化自古以来就存在着两大诟病，其一是设计中的实用主义至上，其二

是对设计的本质缺乏与时俱进的追问精神。至上的实用主义使设计变为一种获利的工具,它缺乏对社会问题的关注,也无从谈及责任和使命。而当设计的对象只变为个人或集团时,这样的设计对社会的作用就变得间接了,它无法回应紧迫的社会问题。对设计意义和设计价值认识上的固步自封,也会使得设计逃避现实,变成僵化的生产工具。在如此设计文化背景之下的设计个体,必定是缺少公共意识、缺少理想和激情的,而理想主义的精神是艺术最为重要的气质。中国当代艺术在世界范围的影响被广泛认同,其原因就是有一大批有理想、求真理的个体。他们曾经经历最为艰苦、最为绝望的岁月,遭遇过文化环境的恶劣和经济生活的拮据,但这样一批无畏的人走过了寒冬、迎来了自己的春天。相对而言,设计工作的性质,是针对社会和个人具体的物质化需求而利用知识、技能等作出的应对策略和解决方案。这种工作性质很少遭遇来自社会方面的激烈对抗,而且物质性服务与回报的直接性使得大多数设计者衣食无忧,缺少先天下之忧而忧的意识和责任。建筑设计是所有设计门类之中和社会最为关联的学科,也是最为复杂和矛盾重重的工作。建筑设计虽为实用性劳作,但其根本上却担当着人类进化中伟大的责任,建造意义的深远不能完全以锱铢利益而较之。这也是重要的双年展中纷纷设立建筑展的原因,建筑是人类永远要面对的问题。建筑师要站在这样的高度来作出回答,这就要求建筑师个体有对文化的需求,也要有对文化的责任感。在我们这样一个以工程教育为主体的建筑教育背景之下,教育没有给受教育者应有的启发和要求,社会却在之后给了他们功利主义欲念生长的环境。

其一,中国在20世纪90年代后期进入一个建筑的青春期,建造量之大、建造口号之响亮、心气之高,在人类发展史上都是一个神话般的年代。但与轰轰烈烈的外在发展态势格格不入的是我们的建筑文化、功利主义以及其派生出世的奴性原则大行其道,使得这个领域缺少一点沉着,也缺少一点沉重,此外还缺少一些阳光的灿烂感。这是精神上的贫血,无法在峰巅的圣殿之中叱咤风云。其二,以什么样的态度去学习。中国的当代艺术在学习西方的过程中保持着开放的心态,对外来的思潮和外来的理论持有一种客观和积极的学习状态,勇于追求真理。尽管其中一些作品中外来的、模仿的印记过重,但在发展的初级阶段也是难以避免的现象。但在建筑领域自20世纪80年代初始就充满着关于传统和现代、中式和西式之争,却没有一种对中国传统建筑文化深入反思的精神。因而本土建筑师的每一次亮相都有为陈腐的传统招魂的嫌疑,双年展如此、世博会亦如此,构成一出永不谢幕却令人生厌的连环剧。

真正国际化的艺术展览展示,无论在内容还是形式上都给予了我们深刻的启示,一系列的问题会涌上心头。比如:建筑的本质到底是艺术还是技术?它的艺术性表达在何处?如何表达才是一种建筑本体的话语?什么是技术的艺术或者说什么是有艺术感的技术?当世界进入到一个民主化新阶段时,国家概念如何在新的语境下进行表述?等等。观摩各个国家的建筑展后这些问题似乎得到了似是而非的解答,因为对于所有民族或国家的建筑发展史以及当代建筑,都有着性质共同的焦点,那就是建筑是人类文明中不可缺少的重要组成,建筑是一切矛盾激化的场所。只有通过对它的辨析,我们才能迈出前进的步伐。这些问题的思考对于当下的中国而言更具有现实意义,因为我们正受困于此,建造活动单方面地受到经济利益的驱使也单方面地受到意识形态的奴役。它脱离了应有的对人类的呵护、教化作用的约束,也脱离了对环境的承诺和对伦理的恭敬,

图 33　中国国家馆内作品 1
图 34　中国国家馆内作品 2
图 35　威尼斯的街景 1
图 36　威尼斯的街景 2

建筑在当下已如脱缰的野马，在市场经济和国家主义搭建的赛道上狂奔。建筑是个英雄还是个恶棍，建筑师是拯救者还是帮凶，这是摆在中国建筑师案头的问卷，要求我们必须作出回答。在技术层面，本届双年展的作品中也有许多耐人寻味的迹象，比如结构与建造这些传统的事物，穿透了由繁杂的小技术发明和新材料堆积而成的外壳，重新闯入当代建筑师的视野，唤醒了一种沉睡的情结。我想这并不是复辟式的当代狂想，而是事物本相在轮回的空间隧道里重新回到刻度的提示位置（图 30～图 34）。

每年一次远涉重洋来此观展，威尼斯建筑多情的面孔和水巷中弥漫的异乡风情被压缩为一层表皮，凭借它我得以与这个城市的空间相识相认。但内心牵挂的只是水城的边缘，因为它拥有那些包容在表皮之下的东西。回国后它使我魂牵梦萦，重归后它又令我心存万千的感动和焦虑。"纸和笔、相机和键盘，记录如同打一个包裹扛在肩头，匆匆地来又匆匆地去，归来记忆的碎片满书桌"。此时把有关威尼斯建筑双年展的现场及其中现象客观描述呈现给大家，又将自己思想、心得记录并坦诚地道来，意在与各位分享和交流，但纸上谈兵之意又绝不在纸上（图 35、图 36）。

关于"山水"的对话
—— 雕塑家张克端作品解读

陈纪新、张克端

The Dialogue about "Shanshui"
— The Interpretation of the Sculptor Zhang Keduan's Work

Chen Jixin, Zhang Keduan

2010年11月,一个名叫"江南卷一——北竿山色"的雕塑邀请展在上海开幕。

栗宪廷、隋建国、曾成钢、张克端、史金淞等国内大家的作品悉数到场。

其中,有一件用青砖为材料的雕塑作品——《山水》格外引人注目。一种建筑师熟悉的材料,在雕塑家手下却有特殊的表现力。

人物:

张克端——中国美术学院雕塑系副主任、教授

陈纪新——艺术批评家、独立制作人、"江南"大型艺术活动的总策划人

事件:

2010年11月,"江南卷一——北竿山色"雕塑邀请展在上海开幕,其中张克端作品《山水》假青砖之力重塑山水,颇具意境。在策展人陈纪新先生的要求下,雕塑家张克端先生对自己的创作进行了诠释……

陈纪新:《山水》是一件早就该面世的作品。我是在一个已经结束的展览画册上看到这个作品的。当我得知这个作品还是一个效果图的时候,我除了遗憾之外还挺高兴。当时我正在对我前期的展览进行着全面的反省,我想进行一场关于艺术家与知识分子性的对话。在我策划"江南卷一——北竿山色"这个展览的时候,我向您发出了邀请,因为,在我心目中张先生是一个典型的文人式艺术家,让最打动我的作品能够有机会在我的手里实现,我会感觉非常庆幸;作为策展人,我觉得能协助艺术家完成他心目中的作品是非常重要的事。

张克端: 我的这件作品被陈纪新老师欣赏并被实现出来,我很高兴。这是和陈老师第二次接触。第一次他是和谭勋一起来我的工作室参观,别的没引起他的注意,他就对我正在做的《大禹》像模型特别来劲。这次他又喜欢《山水》,我觉得他更喜欢和中国传统有联系的那类艺术作品。这不同于复古,倒是更像之后从传统中找回有价值的东西。

陈纪新: 事实上,在策划"江南卷一——北竿山色"的时候我的目标是艺术家,而不是作品。但是,这个展览却得到了所有参展艺术家最有代表性的作品,包括艺术家一直想实现却因为种种原因未实现的作品,我自己都挺意外的,我希望更多的人能关注艺术家,包括艺术家的生活方式与价值观。

张克端: 我觉得艺术家的生活比艺术家的艺术要丰富得多,复杂得多。但对别人来说,只有艺术家的作品能引起他们足够注意,他们才有兴趣关注艺术家的生活。我们不能要求别人来关注艺术,关注艺术家。有时候艺术家是挺自恋的,觉得自己最好,别人应该来注意自己。我觉得艺术、艺术家与观众之间有大量工作要做。当代艺术不应该成为圈子之内的事,当代艺术应该有大量自己的观众,这样的当代艺术才更有意义。艺术作品和艺术家的关系很复杂。当艺术作品成为艺术家谋权牟利的工具时,作品代表什么?

陈纪新: 很多人关注这件作品的材料,我想不单单是因为与题材的切合,您是如何看待大家对这件作品的材料的关注的呢(尤其是建筑界朋友的关注)?

张克端:《山水》这件作品,材料确实起到了比较重要的作用。设想一下,仅是山的形状人们会觉得这件作品有意思吗?建筑师的关注则有另外的意思。青砖原本是建筑材料,通过这件作品他们看到雕塑家对青砖有不同的理解与运用。今天雕塑有了很大的发展,经历了造型、材料、观念等方面的革命,雕塑涉及的问题比较以前有更多可与建筑交流、讨论的东西。20世纪80年代我读了《走向新建筑》,

开始关注建筑。现在,建筑一直是我喜爱的一门艺术。我也曾直接得益于建筑,如我的作品《箱子》就是受柯布西耶粗野主义建筑手法的启发,借助木制模板,用混凝土直接浇筑而成。我很欣赏意大利艺术家的方式:学建筑的可能从事服装设计,学雕塑的可以去搞家具设计。不同的知识背景可能给这一领域带来新的想法、新的可能。读过《波依斯传》后就容易理解他的很多艺术观念,这是和他对大量别的知识的兴趣分不开的。比起搞雕塑的,我更喜欢和搞建筑的、从事社会科学的、哲学的、文学的、数学的……人来往,艺术创新离不开与他们的交流。

陈纪新:艺术家之间的价值观是有冲突的,但是我觉得一种文化需要更宽容地对待不同价值观,包括有的艺术家更喜欢观念,有的艺术家更愿意坚守一个视觉语言的底线,对此张先生意下如何?

张克端:我觉得首先应该改变小手工业者或帮会的习气。我们要求自己很"个人",我们也得容纳别人的方式,不应该用自己的好恶(价值观)统一世界。我们每人选择的艺术方式各不相同,但方式背后所针对的那些东西是会相通的。我不以艺术家站队来评价他"好、坏","先进、落后",应该更进一步地看看。不要把一样东西看得太固定,假如你有本事,也可以把旧的艺术形式用得非常当代。我们应该把自己的工作放在社会进步的背景下来想想。现在的世界太大,太复杂,发展太快,个人的能力太有限,能力所及太小。我们太需要彼此了解,彼此学习。

陈纪新:您觉得您自己是一个艺术家还是老师,或者是一个知识分子?您自己更认同哪个身份?

张克端:我觉得它们不是并列的。对于我而言我首先是美术学院的教师,教学工作是硬性的,我得先完成教学工作才能去做艺术家;作艺术家时涉及对一些问题的看法,这就又涉及更深一层的东西,如观念、态度等。我可能以一个教师、一个艺术家的身份实现着知识分子的理想,但我更想以一个艺术家的方式实现知识分子的某些作为,我正在努力的过程中(图1~图4)。

图1 "江南卷一——北竿山色"——《山水》(作品现场)1
图2 "江南卷一——北竿山色"——《山水》(作品现场)2
图3 "江南卷一——北竿山色"——《山水》(作品现场)3
图4 "江南卷一——北竿山色"——《山水》(作品现场)4

批判、阅读、释放
—— 2010年四校联合设计营回顾

谢建军、鞠黎舟　上海大学美术学院

Criticism, Reading, Releasing
— The Review of "Post EXPO" Workshop from 4 Academy of Fine Arts

Xie Jianjun, Ju Lizhou　　College of Fine Arts, Shanghai University

一、引述

"天下百虑而一致,殊途而同归。"①

一年一度的毕业设计,无疑是大学教育的结束点。在世博会举办之际命题"后世博与世博后",并组织四大艺术院校建筑系共同参与这一题目,这个节点无疑被放大为焦点。

回顾历史,古罗马时代的教育主要做两个事情:一个是修辞,教你如何写文章;一个是辩论,教你如何传播思想。讲廊②是古罗马帝国广场的必然组成部分,就是明证。联合设计营恰恰提供了这样的讲台。辩论是重要的生存机能,使我们有机会去感受别人,去感染别人,去宣扬自己,使大家在思想碰撞中受益成长。

二、教学体会三考

"许许多多行为,精炼了一点点习惯。许许多多习惯,积攒了一点点传统。许许多多传统,凝聚了一点点文化。"③

围绕"城市,让生活更美好"这个世博会期间及之后都要不断思考的行为、文化与社会命题,四院校学生们各展所长,演绎出千姿百态的创意,其中不乏大胆、激进、妙趣横生的想法。联合设计这种教学尝试其意义本身已超出了任何选题,创造了一种难得的交叉和辩论,面对面激烈冲撞,感受不同的差异,对学生、老师的思想交流意义都非常重大。创意固然重要,而解题更具挑战。回归到专业的范畴,集中笔墨"小"题"大"做,才能使作品呈现厚积薄发的力道。同学们通过发现、求证、精炼、升华,终于完成了毕业设计的美丽破茧(图1~图5)。

1. 思考之一:教学相长④

"世博后"这样的题目在世博前进行,以毕业设计、联合设计的形式由建筑系的毕业生来参加,实际上是体现了公众参与的价值。这样宏大的题目本身就是思考的过程,具有选题宽泛、命题尖锐、挑战思维这三重特点,谁都不会有不经深思熟虑现成的答案。

从另一个角度看,这种困扰对学生和老师而言都是同样的挑战。在常规教学中,教师往往是高居神坛的"教练员";联合设计中,老师成为了判断是非的"裁判员",

图1 四校联合毕业设计结营仪式现场

时值上海世博会开幕之际，中央美术学院建筑学院、上海大学美术学院、广州美术学院以及四川美术学院四大艺术院校建筑系的毕业生组织了联合毕业设计营。

"后世博与世博后"这一命题极具时代性、前瞻性

甚至在更大程度、更多时间上是一个普通的"讨论者"。我们更愿意激发学生有自己的判断和主张，鼓励他们坚决贯彻自己的想法；更愿意聆听和分享成熟、睿智的青春激辩，更乐意自己成为一名安然的"忠实听众"。这就是教学相长。

2. 思考之二：四维思考

可持续的命题，加上了"时间"这个维度，从三维走向四维的思考方式，对建筑来说是一次飞跃。从建筑学的角度，我们去关注建筑的命运，建筑会在一次次美丽的转身中获得再生的光辉。我们开始学会真正关注建筑的生命状态：关注她人潮流转、关注她衣食住行、关注她岁月流年、关注她生老病死。

3. 思考之三：教学反思

非常的命题总会带来很多非常的思考，令人印象深刻。从概念来看——"后世博"，一个是"后"，一个是"世博会"。另外，世博会的主题是"城市，让生活更美好"，可以分成三个部分理解：一是城市怎样让生活更美好；二是怎样的城市让生活美好；三是如果现在的城市生活不美好，我们该如何应对？

例如，通过世博会这个契机，一个工厂可以被改成一个展厅，而世博后这个展厅最后可以变成一个创业园区。从这个类型角度来说，幼儿园和学校的关系，住宅和写字楼的关系，在类型学的基础之上，把时间限数加进去，应该从节点、从构造、从基本功、从"小动作"入手，从细节之中见大局。

一直以来，建筑教育要直面两大命题：一个就是所谓建筑创作的感性和理性之争；一个是建筑师培养是素质还是精英之争。异彩纷呈的设计体现出的是价值取向的差异。这让我们反思大学五年里对学生的教育和引导，促使他们不断地思考对生活的态度，尽早形成成熟的设计理念。

三、设计作品三析

以上这些分析在联合设计营的学生设计中体现得淋漓尽致。主要有以下方面。

和挑战性，为参与者提供了一处思想碰撞的平台，为想象力打开了无边的闸门，毕业作品百花齐放，异彩纷呈。本次联合毕业设计，笔者有诸多心得体会，在此作一个简短回顾。

1. 关注建筑转型，关注可持续性

例如优秀设计——上海大学美术学院建筑系章瑾同学的《后世博研究——宝钢大舞台再利用设计》（图6）。宝钢大舞台前身是一个工业建筑（特钢三厂），在世博会期间用作了展览建筑，世博后设计者通过巧妙的新元素植入，把它改造成一个游乐场，其中体现的是对建筑命运的思考。方案紧紧扣住了这个主题：就是对建筑命运合理延续、科学转型的研究。"游乐场"将柔情的、美好的、浪漫的元素注入生命枯竭的工业空间，对历史结构和新的元素进行了叠加。过去的、现时的、未来的信息三位一体，建筑在新的时空中，在新功能的催化下焕发出更加持久的生命力。

另一个优秀设计——中央美术学院卢俊卿同学的作品《自然更替》（图8）。其以变迁的视角来观察世界，对处在既是城市中心、又是滨水地带的节点进行思考。所选基地是江南造船厂保留下来的船坞，世博会期间用作青少年畅想主题剧场，空间被完整保留。作者着眼于回答"景观限定人的行为，还是人的行为造就景观？"这个命题。在经济角度、文化角度之外，对场地进行自然角度的评估。并希望使用者自己创造景观，生成"移动式"风景线。场地由于城市活动的变更，基地功能随之生变，随着人类活动的改变、时间因素的叠加，生态系统随之建立。"变"字贯穿全局是该方案的主题。

2. 关注生活方式、大众需求的转变

如广州美术学院郭晓丹、邝子颖、陈巧红三位同学合作的作品《FUN、CITY》，同样是对宝钢大舞台的改造探索。意在营造一种颠覆性的空间体系，将封闭空间转换成开放的全民体验场所，强调故事性的延续，提供全新的生活体验。"如果房间与自然界隔绝的话，就无异于坟墓。"⑤方案非常关注人们的生活状态，在繁忙沉重的当代生活中，为大众找回"FUN、CITY"的享受。通过对原有工业厂房大型钢架的保留、利用和延伸扩展，对空间情境的错位、叠加，来造就极富娱乐性的空间。设计并采用小电车的观览模式贯穿整个空间，创造多视角、多维度的体验效果，营造出多元素互动的"娱乐圈"（图7）。

图2 中期评图中央美术学院站合影
图3 中期评图上海大学美术学院站合影
图4 中期评图广州美术学院站合影
图5 中期评图四川美术学院站合影
图6 《后世博研究——宝钢大舞台再利用设计》（设计者：章瑾）
图7 《FUN、CITY》（设计者：郭晓丹、邝子颖、陈巧红）
图8 《自然更替》（设计者：卢俊卿）

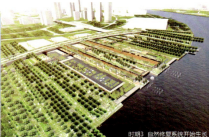
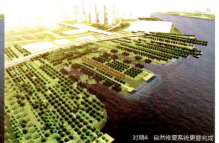

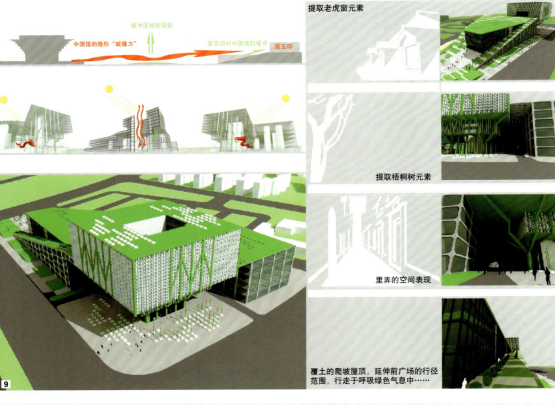

图9 《第五印》（设计者：杜秋、陈红卫）
图10 《"寄生"——后世博建筑生长的探索》（设计者：金思寰、胡晓）
图11 《"废墟中的废墟"——后世博》（设计者：周涛、卢燕武）
图12 《叠影——蝶后重生》（设计者：陈志坤、江哲）
图13 中期评图四川美术学院站花絮

3. 敢于思考，敢于执行，创意大胆

艺术在于发现，去发现看似平淡无奇、常人熟视无睹的事物，将蕴涵其中的潜在价值发现、释放出来，使之光芒四射。"我相信有情感的建筑。'建筑'的生命就是它的美。这对人类是很重要的。对一个问题如果有许多解决方法，其中的那种给使用者传达美和情感的就是建筑。"⑥

许多大胆激进的创意，其题目就使人一目了然。如《第五印》、《"寄生"——后世博建筑生长的探索》、《叠影——蝶后重生》、《生长和蔓延》、《"废墟中的废墟"——后世博》、《FUN、CITY》等。有的提倡"生态回归"，认为理想城市应回归到霍华德的"田园城市"；有的提出"织补城市，断裂弥合"，提出回归到历史空间形态和自然的延伸；有的提出"反建筑"，"反"字当头，提议反消费、反工作、反噪声。凡此种种，都是很超前、大胆而激进的想法，虽然难免有瑕疵与漏洞，但都非常有意思，这往往就是建筑的魅力所在。

我们欣喜地发现，学生在驾驭复杂问题上，学会了用一种简单的思维——单刀直入法。如得奖作品《"废墟中的废墟"——后世博》，诠释的就是对现实的批判，对未来的期待。用的设计手法是下沉的庭院、拆除的屋顶，通过置换、新元素插入，提出建筑消隐、自然回归这一趋势，强调自然回归的生态观，使创作体现出强大的驱动力、感染力和生命力。又如《生长和蔓延》，将一种抽象、细腻的概念刻画到场所精神中，功能与形式对接，整个方案很具有故事性。讲的是一种传承、延续、渗透，宣扬的是一种低碳的生活（图9～图13）。

四、结语

1. 于有限中见无穷

联合设计所能提供的平台是有限的，而提供的交流与阅读却可以没有边界。我们不仅塑造空间、塑造场景、更要塑造大学生想要的生活。建筑，作为文化的守护者、传播者，绝不仅是某种空间或形态；建筑不仅用来阅读，她自身也是被生活所阅读的一部分。她是我们的生活，我们就在其中。

联合设计为不同高校的毕业生的相遇、相知、交流创造条件，将毕业设计变成愉快的多样体验。设计营中他们时刻都在阅读，他们在阅读彼此，在阅读青春，在阅读人生。

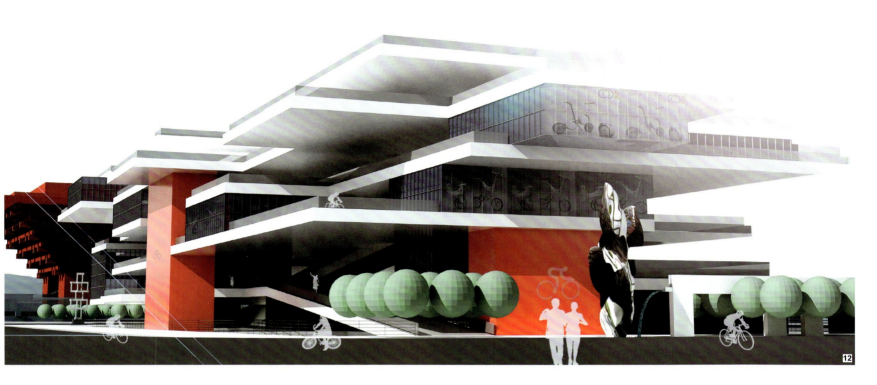

2. 共性和个性的张扬

艺术院校既应强调体系，更应强调个性。一旦特色形成，才能成为主流而非边缘，才能有影响力、话语权，才能与时俱进。世博会给我们的物质与精神层面，到底带来了什么，它将如何持久、深入、有效地变成我们精神遗产的一部分？这就是命题的实质所在。我们鼓励视野放开，独立思考，放眼大局，立足细节。大多数人从人文方面引发思考，也有学生沿着世博的概念发展，可持续的转型思考成为主流。

艺术只有做到极致，院校、教育、老师及学生才能形成特质。如何实现这个目标是需要我们思考的。"建筑，这是最高的艺术，它达到了柏拉图式的崇高、数学的规律、哲学的思想、由动情的协调产生的和谐之感。这才是建筑的目的。"⑦

注释：

① 语出《周易·系辞 下》，转引自吴良镛——1999年国际建协第20次会议的《北京宣言》。殊途同归，是说从不同的道路走到同一目的地，比喻采取不同的方法但最后可以得到相同的结果。百虑一致，即使有许多不同的打算与心思，但目的是一样的。《史记·淮阴侯列传》："智者千虑，必有一失；愚者千虑，必有一得。"其中的"虑"，即与这里的"虑"一样。总的而言，"天下同归而殊途，一致而百虑"，是说可以有许多不同的方法与考虑，但都可以达到一样的结果。

② 罗小未，蔡琬英. 外国建筑历史图说[M]. 上海：同济大学出版社，2005:46.

③ 转引自：余世维. 2011 余世维大全集[EB/OL]. 财智商学网.

④ 教学相长，成语，出自《礼记·学记》："是故学然后知不足，教然后困。知不足然后能自反也，知困然后能自强也。故曰教学相长也。" 意为教和学两方面互相影响和促进，都得到提高。

⑤ 廖小东. 贝聿铭传[M]. 武汉：湖北人民出版社，2008：17．

⑥《大师系列》丛书编辑部编著. 路易斯·巴拉干的作品与思想[M]. 中国电力出版社，2006:4.

⑦（瑞士）W·博奥席耶，O·斯通诺霍编著. 勒·柯布西耶全集[M]. 牛燕芳，程超译. 北京：中国建筑工业出版社，1910-1929,1:2.

"正襟危坐" 主题设计展

黄伟　上海大学美术学院

"Sat" Theme Design Exhibition

Huang Wei　College of Fine Arts, Shanghai University

近日,中国建筑学会室内设计分会在上海主办了以"正襟危坐"为主题的椅子设计展。该展览意在通过对"椅子"这一人类传统生活用品的再创造,探讨生活中的仪式感和伦理问题。展览邀请了国内知名建筑师、室内设计师、艺术家来参与家具设计。

密斯·凡德罗曾说过:"椅子是一件很难的物品,摩天楼要容易得多。"作为现代主义建筑大师,他的巴塞罗那椅也许不是他所设计的最舒服的椅子,但无疑是最著名的。可见,家具设计或许只是某些建筑师或设计师的副业,却同样可以表达他们的主张,实验他们的理想。

以"正襟危坐"作为椅子设计的立足点是对我国当代生活仪式感的审视与反思。在中国传统礼仪中,"怎么坐"是很重要的课题。早期,跪坐在席,称之为跽坐,虽然不舒服,但限于礼仪,必须如此;东汉末年,"胡床"随北方游牧民族传入中原,也逐渐演化为椅子,并在北宋得到广泛流行。座椅的变化直接导致了诸多社交礼仪的改变,成为伦理道德的标杆,对中国传统文化产生深远影响。

本次展览邀请了易介中、王海松、于历战、刘铁军、宋微建、萧爱彬、李笑寒等十余位知名设计师,他们从各自独特的视角诠释"正襟危坐"的展览主题,探索了不同形式、材料与人的行为模式之间的微妙关系,受到了社会各界的广泛关注。

Chairman

设计师:易介中

1. CHAIRMAN

现代的主席需要亲民的智慧,现代的主席需要魅力的观点,现代的主席需要不同角度的沟通方式,现代的主席需要各种不同的身段,椅子是最好的舞台。

2. CHAIRMAN=CHAIR+MAN

现代人需要幽默感,现代人需要多功能,现代人需要跨界,现代人需要变化多端的姿态,椅子是最好的宠物。

禅

设计师：华雍、顾畅

东方文化的核心价值，其实一直是围绕汉字的形体变化而展开的。传统家具作为艺术的一个分支也延续了文字的形式美；与文字一样，此款家具以横平竖直的取材为主要语言；观之，外形方正，结构明了，安静从容；闻之，尤在诉说中国千年传承的美德——谨慎、谦虚、端正。低矮的靠背位置，使得坐具整体更添静穆、沉古之感；利于使用者更快进入静谧的思考状态，展开一场身体与家具的无声对话。

制衡

设计师：李笑寒

"正襟危坐"形容恭敬严肃地坐着，是一种将真实放松的状态压制于心的行为，这种行为本身是为了保持某种威严而对对方展现出的一种姿态，这种姿态体现在实施者和被实施者的相互制衡中。作品名为"制衡"，用看似嬉戏的摇摆、超常规尺度的坐高和错位的方式，实则表达出正襟危坐的双方，处于脱离亲切距离的一种相互压制而又压抑的"制衡"状态。

端椅

设计师：刘铁军

中国人自古坐于椅上的姿态有很多种，如垂足坐、盘坐，端椅谓之端坐于椅上，端坐一意安坐、正坐，二有安然栖息之意。

囧

设计师：华雍、顾畅

此系列坐具借形体优势来阐述一种新新人类的日常生活情态，用一种平面符号语言使之空间化，在三维尺度中实现当代人与家具的巧妙呼应。

正襟危坐

设计师：王海松

形制——方正的形制适合庄重的场合，也暗示了坐者人格方正。

材料——"透明"，即坦荡，暗喻坐者虚怀若谷。同时，强烈的对比产生一定的"危"感。

尺度——大小足够，但无舒适的靠背，使坐者保持一定的紧张度，不得放任坐姿。

如意

设计师：温少安

该椅子的构思来源于如意的造型，"如意"一词出于印度梵语"阿那律"，是自印度传入的佛具之一，柄端作"心"形，用竹、古铜、玉制作。法师讲经时，常手持如意一柄记经文于上，以备遗忘。

椅子的外表造型显得拙朴大方，在出半丁的位置黑檀木与304号镜钢相结合。既体现了浓郁的古典气息，同时又具有强烈的文化艺术美感，适合放在书房等文化领域处，让人感受到儒雅的文化气息。

原板凳

设计师：宋微建

缘于对木的质料和肌理的钟爱，又因木"生"的意义，《原板凳》使用原木板料，用最少的加工，最大化地保留"原生态"。

休闲椅

设计师：于历战

对于身体舒适性的追求在我们的意识中是自然而然的事情，但是潜意识里人们会有更多的奢望。本设计通过舒适的座椅和美腿的共同呈现，试图将意识中与潜意识中的不同愿望同时表达出来。

抄手

设计师：萧爱彬

创意来自馄饨，四川话叫抄手，它包裹的皮与围合在中间的馅就形成了护手和座靠。把护手做成硬质，靠和座用填充颗粒布艺做成软质。座靠可根据坐者的姿势任意变形，寻找最舒服的方式。单边扶手的内弯可以让坐者有被包裹的感觉，十分舒适。

继往开来
—— 全国高等美术院校建筑与环境艺术设计专业教学年会发展历程

傅祎　中央美术学院
唐旭　中国建筑工业出版社

Creating & Developping
— Review of the Annual Meetting of National Academies of Art Design on Architecture and Environmental Design

Fu Yi　　China Central Academy of Fine Arts
Tang Xu　China Architecture & Building Press

背景

中国改革开放30年来的快速发展，成就了一个以原中央工艺美术学院办学为标杆、各大美院院校办学为基础的环境艺术设计专业，其社会影响广泛，专业内涵丰富，边界相对模糊，称谓独具中国特色。也可以说，是中国的房地产政策、社会需求和相关产业发展所带来的设计人才缺口，带动了环境艺术设计专业的学科发展。据2008年官方数据，全国在各类别高等院校内开设此专业的学校超过了500所。20世纪90年代中期之前，高等院校的环境艺术设计专业同时承担了社会设计服务与设计人才教育的双重功能，教学紧密联系实践是其办学特色，在实践中教学，在教学中实践。进入21世纪，随着工程项目设计服务的专门化、精细化和业主要求的不断提高，学校开始回归教育的本体职能，中央美术学院、广州美术学院、中国美术学院、天津美术学院、西安美术学院、鲁迅美术学院、四川美术学院、湖北美术学院、清华大学美术学院、上海大学美术学院等十大美院对此有着清醒的认识，转而以学术研究为主导，更重视设计教学研究、设计理论建设和研究性的设计实践。

2004年10月，由中央美术学院与中国建筑工业出版社联合发起，以探讨适合美术院校特点的建筑与环境艺术设计教学和教材建设为目的，在北京中央美术学院召开了"第一届全国美术院校建筑与环境艺术设计专业教学丛书研讨会"。

1993年中央美术学院开设了"建筑与环境艺术设计"专业，一开始就以五年学制申报，从办学思想到课程计划均显示出建筑学科的雏形，并确立了中央美院发展建筑学科教育的明确目标。2000年上海大学将原属建筑工程学院的建筑系划归美术学院，2001年中国美术学院开办了建筑艺术专业。2002年中央美院向教育部申请设立建筑工学专业，次年获批，同期获批的美术院校还有四川美术学院和山东工艺美术学院。2003年中央美术学院成立了第一个美术院校中的建筑学院，标志着中国美术院校系统规范的建筑教育的开始。2007年，广州美术学院申请建筑工学专业获教育部批准，中国美术学院成立了建筑艺术学院，西安美术学院、天津美术学院将环境艺术设计专业更名为建筑与环境艺术设计专业。2009年中央美术学院通过本科建筑学专业评估，成为建筑本科教育通过建筑学专业评估的45

图1　第一届年会与会代表合影
图2　第一届年会吕品晶院长发言

所高等院校之一，并是其中唯一的艺术院校。自此，一个集建筑学、室内设计及景观设计三大方向的综合性建筑学科在美术院校的"大美术"教学格局中得以确立。

相对于传统的工科建筑教育，美术院校的建筑学科一开始就以融会各种造型艺术的鲜明人文倾向、注重原创的教学思想和活跃的教学实验探索为社会所瞩目。作为后起之秀，美术院校的建筑教育以高起点、入主流、有特色作为自己的办学方向，充分利用美术院校条件和人文环境优势，充分考虑师资构成和学生特点，教学上扬长避短，发挥审美优势，加强逻辑思考，融汇艺术与技术。有理由相信，美术院校建筑学科培养的人才，将会丰富建筑与环境艺术设计的专业人才结构，为建筑与环境艺术设计理论与实践注入新思维、新理念和新成果。

历程

2004年10月，由中央美术学院与中国建筑工业出版社联合发起，以探讨适合美术院校特点的建筑与环境艺术设计教学和教材建设为目的，在北京中央美术学院召开了"第一届全国美术院校建筑与环境艺术设计专业教学丛书研讨会"。到会的有中国建筑工业出版社副总编张惠珍女士、中央美术学院建筑学院院长吕品晶教授、广州美术学院副院长赵健教授、清华大学美术学院环境艺术设计系主任苏丹教授、鲁迅美术学院环境艺术设计系主任马克辛教授、湖北美术学院环境艺术设计系主任陈顺安教授、四川美术学院建筑系主任黄耘教授和环境艺术设计系主任潘召南教授、上海大学美术学院建筑系主任王海松教授，还有中国美术学院、西安美术学院、山东工艺美术学院、人民大学、浙江理工大学等学校代表，以及中央美术学院建筑学院的教学骨干。会议决定成立由全国十大美院及相关院校建筑学科和环境艺术设计专业的学术带头人组成的丛书编委会，并制定了整套教学丛书的框架和第一批教学丛书的出版计划（图1～图2）。

2005年12月，"第二届全国美术院校建筑与环境艺术设计专业教学丛书研讨会"在杭州浙江理工大学举办，彼时第一批教学丛书计划中的实验教材大都基本完成。配合教材建设，研讨会上以十大美院为主的教师代表带来了各院校优秀课程的教学情况介绍，与会院校的学科带头人从教学方法、教材选用等方面介绍了各自学校的办学特色、教学特点，并针对艺术类学生的特殊性，提出了自己的教学建议。浙江地区一些专业院校教师代表也参加了研讨会（图3）。

2006年11月，"第三届全国美术院校建筑与环境艺术设计专业教学丛书研讨会"在上海大学美术学院召开。第一批教学丛书出版后在社会上引起了一定的反响，研讨会上，教材编委对"全国高等美术院校建筑与环境艺术设计专业教学丛书"今后的编写工作做了深入地探讨，将教学丛书编写框架扩充为规划教材与实验教程两大类别。会议期间还成功举办了"首届全国高等美术院校建筑及环境艺术专业学生作品双年展"，全国十大美院的党委书记、全国各地20多所美术院校近80名专家与教师参加了开幕式（图4～图5）。

2007年11月，在重庆四川美术学院新校区举办了"第四届全国美术院校建筑与环境艺术设计专业教学丛书研讨会"。当年的9月份由中国建筑工业出版社和四川美院建筑艺术系牵头组织了"10×5"教学创作工作营，四川美院、中央美院、清华美院、广州美院、中国美院、天津美院、西安美院、湖北美院、鲁迅美院、上大美院等十大美院各派一名教师，各带领四川美院建筑和环艺专业高年级的5名学生助手，围绕指定主题集中于四川美院新校区进行为期两周的创作营活动，这批有学术价值的方案成果在第四届研讨会期间同时展出。这是美术院校建筑与环境艺术设计专业联合教学研究活动尝试的开始，标志着中国建筑工业出版社和十大美院共同组织的研讨会开始起到了进一步推动艺术院校的专业教学向纵深发展的作用（图6~图7）。

考虑到"全国美术院校建筑与环境艺术设计专业教学丛书研讨会"已成功举办了4届，实质达到了教学交流和深度探讨的目的和效果，在高等美术院校中有了一定的影响。2008年11月，在西安美术学院举办的第五届会议名称由原来的"高等美术院校建筑与环境艺术设计教学丛书研讨会"，正式更名为"全国高等美术院校建筑与环境艺术设计专业教学年会"，旨在推动全国建筑与环境艺术设计专业教育的发展，为中国各个地区间高等院校的建筑与环境艺术设计专业教育的交流提供平台，并自此开始年会会旗的传递和交接仪式。第五届年会以"基础课程教学探讨"为专题，与会代表对基础课程的实验教学进行了介绍和交流。会议期间还举办了"建筑与环境艺术设计基础课程——建筑速写作品展"（图8）。

2009年10月，第六届"全国高等美术院校建筑与环境艺术设计专业教学年会"在天津美术学院召开，主办方精心准备，会议内容丰富，清华大学美术学院常务副院长郑曙旸教授等三位专家做了主题演讲，会议围绕"专业设计教学的开放与发展"的论坛主题展开了讨论，同时举办了"全国高等美术院校建筑与环境艺术专业手绘设计表现图作品展"、"全国高等美术院校建筑与环境艺术专业设计特色课程教学交流展"、"2009三校联合毕业设计营——毕业设计合作教学展"以及"四校四导师联合指导环境艺术毕业实验教学——毕业设计合作课程展"等四个展览。参会学校达到60余所，显示出"年会"逐渐成为全国高等美术院校建筑与环境艺术设计专业每年一次最为重要的专业教学交流盛会（图9~图10）。

2010年12月，第七届"全国高等美术院校建筑与环境艺术设计专业教学年会"在海口海南师范大学举行，年会主题为"特色设计教学的研究与发展"，分设了三个主题论坛，分别是"生态设计和海南国际旅游岛开发"和"特色教学研讨"以及"假面真谈"。同时举办了"地域特色——建筑与环境艺术设计专业教学成果邀请展"、"海南省高校首届艺术设计作品联展"、"黎锦艺术——中国海南黎锦文化（研究）展"等三个展览。中国建筑学会秘书长周畅、海南省教育厅和建设厅的领导到会并致辞（图11-图12）。

成果

"全国高等美术院校建筑与环境艺术设计专业教学年会"成功举办七届以来，最丰硕的成果就是各类教材和教学参考书的出版，它们综合反映和忠实记录了国内著名美术院校建筑与环境艺术设计专业教学思想和教学实践的成果与探索，对美术院校建筑学和环境艺术设计专业学生、教师很有助益，其创新视角和探索精神也对工科院校的建筑教学有所借鉴。

其中"全国高等美术院校建筑与环境艺术设计专业教学丛书"17本，"全国高等美术院校建筑与环境艺术设计专业规划教材"7本。中国建筑工业出版社还将历届年会期间同时举办的主题展览的成果内容集结出版。此外，以"年会"为平台促成了中央美术学院、广州美术学院、四川美术学院、上海大学美术学院"四校联合毕业设计营"。此项目发端于第五届年会，已历时三年，参加的师生来自地域涵盖东、西、南、北四大美术院校，每年的三月到六月，四所美院建筑与环境艺术设计专业的毕业班学生围绕同一个主题开展毕业设计，四所美院的教师组成联合毕业教学指导小组，分别到四所美院进行毕业设计指导，最终以展览、研讨会和出版物的形式将这一教学活动推向高潮。

过去的八年，"全国高等美术院校建筑与环境艺术设计专业教学年会"见证了和促进了高等美术院校建筑与环境艺术设计专业的学科发展。2011年，"年会"更添了新的举措：十大美院将以联盟的形式，依托中国建筑工业出版社，综合前沿的设计实践、学院的教学研究和独到的观察批评，以学刊的形式加以传播，以期获得更为深远的社会影响。

未来，咱们拭目以待！

图3　第二届年会会议现场
图4　第三届年会（马克辛、苏丹、吕品晶、朱凡、卢济威等评委）
图5　第三届年会参赛作品评委合影
图6　第四届年会开幕现场
图7　第四届年会——川美建筑艺术系
图8　第五届年会会旗交接仪式
图9　第六届年会开幕式
图10　第六届年会教育论坛
图11　第七届年会——"生态设计VS海南国际旅游岛"论坛现场
图12　第七届年会——"假面真谈"现场

1 2011成都双年展首次引入设计、建筑展

2011成都双年展主题展将于9月30日在成都东区音乐公园开启大幕，持续展览一个月。这标志着成都有史以来规模最大的当代艺术盛会正式启动，也标志着成都为建设世界现代田园城市打造国际性文化名片的又一重大举措迈入实质性阶段。作为第五届成都双年展，本届与以往四届双年展最大的不同就是采用"政府主导、专业机构运作"的模式，由成都市委宣传部牵头成立双年展组委会。经费由企业投入、社会赞助等构成，政府给予该项公益性文化项目一定资金的扶持与补贴。据悉，展览总投入达到3530万元。

成都双年展还按照全球最著名的三大艺术展：威尼斯双年展、德国卡塞尔文献展和巴西圣保罗双年展的国际惯例，在前四届成都双年展积累的传统优势基础上，首次引入了设计展与建筑展，分别命名为"谋断有道：国际设计展"及"物我之境：国际建筑展"。

建筑展策展人支文军教授介绍说：为了使世界现代田园城市的精神内涵更为丰满，全力推进"成都东村"文化创意产业综合功能区建设，国际建筑展特别设计了"田园城市文献展"、"国际高校学生设计竞赛获奖作品展"、"建筑师作品展"和"成都建设成果展"四个部分，用国际化的新鲜视野为成都未来的城市建设带来崭新的理念。

设计展策展人欧宁则透露，此次双年展的设计展板块"几乎涵盖了所有的设计门类：产品、时装、平面、建筑、新媒体……"展览力求新颖、创意，并注重拉近和普通观众们的关系。该板块共有30位艺术家参展，其中10位是来自国外的艺术家。

为了能将多元化的艺术形态表现得更加丰满，2011成都双年展向具有上百年历史与传统的威尼斯双年展学习，专门在主题展外增设了特别邀请展，欢迎更多的艺术机构和独立策展人前来参展，带来更加丰富的展览主题和思想。"各艺术机构、艺术家可向组委会办公室提交策展方案，经组委会、学术委员会及双年展总策展人认同后，组委会将给予场地、人员、资金上的协调与补贴，最大力度地将本次双年展办成一次全民参与的艺术盛会！"除去这三场主要展览，外围的展览如"再现写实：架上绘画展"、特别邀请展、精品剧目展演和民间艺术等其他配套活动也将各现精彩。以上展览将分别在成都东区音乐公园、成都工业文明博物馆、世纪城新国际会展中心等场馆展出，展出场地共计逾1万㎡，是历届双年展场地最大的一次。

2 2011 Autodesk Revit 杯全国大学生可持续建筑设计竞赛

一年一度的Autodesk Revit杯竞赛今年将在重庆大学举行。在教育部、住房和城乡建设部、全国建筑学学科专业指导委员会和欧特克公司的支持下，此次全国大学生可持续建筑设计竞赛以旧建筑更新为主题，希望通过应用"建筑信息模型"（BIM）以及能耗模拟分析技术实现绿色建筑设计，并促进在校大学生对低碳城市与绿色建筑的深入认识，探索可持续发展理念以及数字技术在设计领域的针对性应用策略，加强在校大学生对数字技术应用的认识，提高在可持续性设计方面的实践应用能力。

竞赛方案要求通过对原有老厂房的改建和扩建，建设一所具有较强主题特色的、为当地高科技产业园配套的信息交流查询平台。在满足基本使用功能的前提下，该建筑设计还应结合重庆的气候特点，借助绿色建筑、计算机辅助设计、建筑信息模型以及建筑能耗模拟等技术，将该建筑建设成为当地节能建筑设计的示范体系。

网络支持：欧特克学生设计联盟http://students.autodesk.com.cn，ABBS: http://www.abbs.com.cn

本次竞赛活动主要面向全日制在校大学生（含研究生），职业院校学生自愿参加。以1～6人为小组参加。每个小组指导教师不超过2人。截止日期为2011年8月15日交寄（以邮戳为准）。

3 上海迪士尼方案草图公布

在日前召开的迪士尼投资者大会上，首次公布了一张上海迪士尼乐园艺术设计草图。由于乐园尚在初期筹备阶段，所以设计稿也就比较概念化，只能给人一个大体的印象。早在2010年7月，位于美国的迪士尼家族博物馆（Walt Disney Family Museum）就公布了一张上海迪士尼乐园的艺术设计初稿。两张图片有不少类似之处。只不过在新的版本里标志性的"美国小镇大街"体现得不明显。两张图片给人的共同感觉是，迪士尼为上海迪士尼乐园设计了很多水域，既有大片的湖面，也有弯曲的溪流。而按照迪士尼设计的惯例，由于细节没有确定，在初期筹备阶段往往会用烟花灯光甚至云彩挡住设计稿中的一些部分。从中可见，未来的上海迪士尼乐园中"水"很多。

4 政协委员：央视新大楼像怪物

"非洋不取、千城一面、高大全"——这是全国政协委员、建筑大师潘祖尧对中国城市建筑提出的三大隐忧。

在潘祖尧看来，北京的新建筑和城市设计虽然引人注目，但未必合情合理。他认为，北京的几座标志性建筑中只有水立方"还可以"，因为这个建筑所处的位置原先就是一片空地，而且是为了奥运主题而建，附近也没有传统建筑，比较契合周围的环境。

他评价央视新大楼"好像一个外来的怪物"，他认为，作为独立建筑是不错的，

但跟周围环境联系起来,就显得突兀了。

在他眼中,最不合时宜的是位于人民大会堂西侧的国家大剧院:首先是风格不协调,那里都是有历史感的建筑,大剧院太新太"后现代";其次,那个区域属于政治区域,而非文化活动区域,在区域布局上不合理;另外,在交通上也不便利。

事实上,他本人正是当年国家大剧院设计方案的评委会成员之一,他当年曾强烈反对这一设计方案,认为"对我国民族传统、地方特色是唱反调,对天安门地区只有破坏、没有建设,而且在设计上也有颇多的错误"。

他认为现在国内建筑设计上有一种风气,就是盲目崇拜洋设计师,"非洋不取",现代的、后现代的、伪传统的纷纷登场,让中国成了外国设计师的试验场。

5 广州:花都中央商务区方案将由市民票选

为优化广州北部副中心城区的城市功能,建立具有地域特色和时代风貌的广州北部城市形象标杆,花都区日前开展花都区城市中轴线规划研究及中央商务区地段城市设计国际竞赛活动,四组设计方案展示期间,由市民公开投票进行选择。

据悉,本次竞赛活动,花都区组建广州市花都区城市中轴线规划研究及中央商务区地段城市设计国际竞赛委员会,以负责竞赛领导工作。竞赛活动的规划研究范围包括城市中轴线沿线及相关延伸范围,面积约140km²。中央商务区地段城市设计范围为人民公园以北地区城市中轴线,具体范围北至平步大道,南至三东大道,西至建设北路,东至曙光路,规划面积为280hm²。

目前,这次活动共有澳大利亚PDI国际设计有限公司、新加坡DPC国际规划与设计事务所、东南大学城市规划与设计研究院、广州市城市规划勘测设计研究院与法国AAUPC建筑规划事务所联合体等几家设计机构参赛。

6 日本建筑师打造21世纪"设计圣殿"

"维多利亚和阿尔伯特博物馆邓迪中心"国际建筑竞赛,日前被日本建筑师摘下桂冠。这一中心的建成,有望成为全欧洲的地标性建筑。

位于伦敦的"维多利亚和阿尔伯特博物馆"是引领世界的"设计圣殿",因此,新中心被命名为"维多利亚和阿尔伯特博物馆邓迪中心"。新中心不仅占据泰晤士河河畔一流地段,同时也处于邓迪海滨重建中心位置。

评判委员认为,邓迪中心"有潜力成为欧洲最激动人心的建筑物之一",它可以将市中心和河流联系起来,重新焕发陆地主要区域的活力,其设计出自日本知名建筑师Kengo Kuma之手。

Kuma很清楚自己的目标,即要找回传统建筑物的设计,并通过光与自然的启发将其重新诠释为21世纪的设计,同时使用自然材料来创造利于通风、光线充足的开放空间。

Kuma反复提到的主题是"抹去建筑的痕迹",提倡让建筑几乎消失于其环境、自然和城市等类似地点中,这靠的是建筑物的开放式结构和可以随着外部变化而改变的特点。

伦敦维多利亚和阿尔伯特博物馆馆长马克·琼尼斯爵士相信,Kuma的设计提供了"用以展出令人赞叹的设计收藏的绝美空间"。他补充说:"我认为这一中心会成为一个主要的目的地,并且带给我们一幢广受认可的建筑,值得反复参观并且会吸引来自世界各地的关注。"

这幢建筑物将以世界级别的旅行和常设展会来吸引游客,以增加邓迪的吸引力,改善这一地区的商业发展,并且成为设计和创造领域给人以启发的源泉。中心计划于2014年开业。

7 BIG:丹麦废料厂改建成滑雪场

丹麦的比贾克—英格尔斯建筑事务所(BIG)和英国工程师亚当斯·卡拉·泰勒(Adams Kara Taylor)赢得一项国际竞争,在丹麦首都哥本哈根设计一个利用废料产生能源的工厂,并将其作为一个滑雪场。这是丹麦最大的一个环境规划项目,其预算大约为4亿英镑,预期在2016年完工。

这个新的建筑物的屋顶将是一个面积为31000m²的滑雪斜坡。滑雪者可以通过安装在工厂烟囱上的电梯,从地面到达斜坡的顶端。另外,这个工厂将设置一个30m宽的"烟雾处理环",吸收工厂排放的二氧化碳,使城市的居民不受废气的影响。晚上,"热追踪灯"使这个"烟雾处理环"成为一件光彩夺目的艺术品。比贾克—英格尔斯建筑事务所的设计方案是将工厂的表面设计成"绿色的",墙面种植的植物形成"砖块"。这幢建筑从远处看像一座山。

8 盖里的迈阿密"新世界中心"向公众开放

盖里设计的迈阿密"新世界中心"(New World Centre)于2011年1月25日向公众开放。这个投资1.6亿美元的音乐厅被命名为"新世界中心",它位于迈阿密海滩(Miami Beach)的中部,靠近赫尔佐格—德梅隆(Herzog & de Meuron)新近完成的林肯道1111号停车场。

这个项目还包括一个青年音乐家培训中心,它包括一系列的培训室和练习室、打击乐器室和一个会议室。"新世界中心"的庭院由荷兰建筑公司West 8设计。

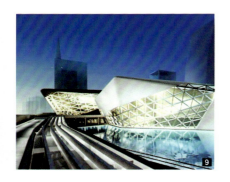   

9 广州大剧院仍在维护，扎哈满意结果

广州大剧院"圆润双砾"的设计师扎哈·哈迪德女士前期造访广州。她表示对大剧院的完成情况非常满意。2010年年底，广州大剧院传出外墙局部翘曲、破裂渗水等情况，据扎哈事务所和广州大剧院相关人士透露，目前大剧院仍处于后期维护阶段，经过适当保养和修复后，不会影响工程实体的建筑质量。

扎哈的设计作品，以不规则的流线型设计、充满奇思妙想的大胆创意、与环境水乳交融的和谐美感著称，同时也因实施难度巨大、造价高昂而闻名于世，她一度被称为"纸上设计师"。广州大剧院是扎哈建筑事务所在中国的首个竣工项目，此外，她还担纲了北京SOHO城的总体设计工作。

在为期两天的访穗行程中，这位世界建筑界"诺贝尔奖"——"普利兹克奖"得主与其团队成员一起参观了广州大剧院，还举办了"建筑对城市生活和文化发展的影响"讲座，吸引了近2000名听众。

10 博塔的清华人文图书馆将设"小单间"

在清华百年校庆之际投入使用的人文社科图书馆设立40多个个人研修小间，每间至多能容纳2个人，全校师生都可以预约使用。据图书馆负责人说，此举是受学生在老图书馆占座时，外凸窗的座位最抢手的现象启发。

个人研修间的面积约5～6m²，里面放一套阅览桌椅，顶多能再放进一个椅子，供2个人在里面读书学习。而且个人研修间靠近书架，方便随时把书拿进小间，因此肯定会很抢手。图书馆为此专门设计了一套在线预约系统，全校师生都可以通过网络预约，预约成功后可以占用小间一天。除了个人小间，人文图书馆还会设立几个"小组研讨间"，面积从十几平方米到二十多平方米不等，适合10人左右的小组进行讨论和集体学习，也实行预约使用制。

11 航天博物馆5年内"悬空"迎客

在上海市浦公路沈杜公路交叉口的西北角，未来将矗立起一幢奇特的"悬浮"建筑物。如果市民从一街之隔的轨道交通8号线航天博物馆站站台看过来，会发现这幢建筑如同一艘正欲飞升的太空飞船；在其正前方广场上耸立的50多米高、按1:1还原的长征二号捆绑运载火箭模型更是夺人眼球……这就是未来的上海（中国）航天博物馆。航天博物馆有望5年内建成开放，市民将可以走进这座由国际大师设计的前卫建筑，目睹大量神秘的航天器实物，亲身体验当航天员的感觉。

由上海航天技术研究院与闵行区政府共同建设的航天博物馆，采用国际招标的方式甄选建筑设计方案。最终，日本矶崎新工作室和中建上海设计院合作提交的设计方案中标。矶崎新是世界著名的日本建筑设计师，近几年其在中国设计的上海浦东喜马拉雅文化中心、中国湿地博物馆都获得业内的高度评价。

12 胶囊旅馆因难疏散存隐患，开业无望

胶囊旅馆总面积约300m²，共68个"胶囊"，分为上下两层。除了住宿区域，旅馆还用布帘或玻璃门隔出了更衣室、卫生间、淋浴室和吸烟室等，且提供免费的一次性洗漱用品、睡衣和浴巾。

每个"胶囊"的宽度和高度约110cm，长约220cm，体积约2.7m³，人均使用面积约3m²。"胶囊"没有门，住户可拉上入口处的布帘作遮挡。

"胶囊"内部有可调节亮度的阅读灯、插座、带闹铃功能的钟、液晶电视、排风扇及无线网络。从旅馆租用一副耳机和SD卡，就能看到电视中预存的电影和综艺节目。

一天只要88元，即可入住上海市中心繁华地段的胶囊旅馆。不过，这些犹如太空舱般的胶囊舱可能无缘迎来它们的第一位客人了。

从消防部门获悉，胶囊旅馆普遍使用了玻璃钢等可燃材料，其空间狭窄，火灾中疏散困难，易造成群死群伤，且在我国法律法规中无相关依据参考。诸多因素导致胶囊旅馆被判"死刑"，类似于胶囊舱的设备将无法应用于上海的旅馆业。

"胶囊"这个概念，最早来自对日本著名建筑设计师黑川纪章"将空间细分成基本单元"概念的实践。1979年，第一家胶囊旅馆在日本营业。这在当时的日本城市化进程中，也起到了"城市之大，容身之小"的反讽。

13 赖特最后一个弟子逝世

建筑师埃德加·塔费尔（Edgar Tafel）是建筑大师弗兰克·劳埃德·赖特（Frank Lloyd Wright）最著名的弟子，他于2011年1月18日在位于曼哈顿的家中逝世，终年98岁。

埃德加·塔费尔被认为是赖特创立的"塔里艾森协会"（Taliesin Fellowshi）中活得最久的成员。他参加了赖特的两个最重要的项目的工作。这两个项目就是"流水别墅"（Falling Water）和"约翰森石蜡公司办公楼"（Johnson Wax Building）。

第二次世界大战之后，埃德加·塔费尔建立了自己的事务所，设计了80幢住房、35座宗教建筑、3所学院，以及其他建筑。

埃德加·塔费尔于1912年3月12日生

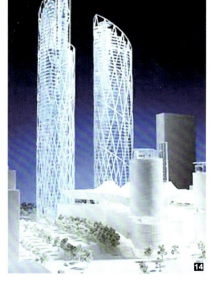

于纽约。他在曼哈顿长大，毕业于瓦尔登学校（Walden School）。在加入"塔里艾森协会"之前，就读于纽约大学（New York University）。埃德加·塔费尔20岁时来到塔里艾森，做赖特的学徒，工作是画草图、切割石头、制作灰泥、准备水泥，并且为赖特削铅笔。埃德加·塔费尔还是一个钢琴家，经常有其他的任务。赖特经常让他为大家演奏巴赫的曲子。

埃德加·塔费尔是一个优秀的徒弟，但他不是"信徒"。他希望建立自己的事务所。1941年夏天，他毅然离开了塔里艾森。第二次世界大战后他回到纽约，建立了自己的建筑事务所。他最好的作品也许是1960年为"第一基督教长老会"设计的一个礼堂。

14 "文派"阻碍罗杰斯的首尔摩天楼项目

据报道，由英国罗杰斯建筑事务所（Rogers Stirk Harbour）设计的位于首尔中心、耗资13亿英镑的摩天楼项目，因韩国基督教"文派"（Moonies）提出的1.1亿英镑的诉讼而受到阻碍。

这个综合项目于2007年开工，预期于今年完工。但受到诉讼的影响，银行难以吸引投资者，因为，在诉讼案被解决之前，没有人对这个项目感兴趣。

"统一教"的"统一稻基金"（Tongil Foundation）在去年年底提起一项诉讼，要求撤销它与Skylan公司签署的Y22合同。Y22合同是这个综合项目的开发商Skylan公司的项目融资工具。Skylan公司是一个总部设在新加坡的开发商。它邀请罗杰斯建筑事务所设计这个项目，打算为首尔打造一条香港的轮廓线。在20世纪90年代后期，Skylan公司与"统一稻基金"交涉，说服它放弃在汝矣岛（Yeouido Island）的停车场。汝矣岛是首尔的金融区，将成为亚洲最有价值的开发场地之一。经过多年的微妙谈判之后，Skylan公司与"统一稻基金"于2002年签署了一个协议，从2005年开始，租用停车场地块99年。

"统一教"的设想是，"统一稻基金"将从这个地块收取一个世纪的租金，然后收回这个地块，它将在这里建立它的世界总部。否则，它就不出租这个地块。

现在，"统一稻基金"指控Y22合同搞欺诈，违反租约，但Skylan公司坚决否认。Skylan公司说，它遵守了韩国的法律。罗杰斯建筑事务所拒绝对有关问题进行评论。

15 沈阳将建高度超600m电视塔

沈阳将新建一座电视塔，新址位于沈阳市浑南长白地区。这座新的电视塔将超过广州电视塔600m的高度，成为沈阳一个崭新的地标式建筑。

据了解，新电视塔的建设规划，国家发改委已经做完论证和审批，下一步将开始进行整体设计。预计2013年全运会开幕前，电视塔的整体框架将竣工。

16 中国太阳能产业"十二五"发展目标

未来10年，我国太阳能热利用产业的总任务和总目标可概括为"科技进步、扩大应用、产业升级、拓展市场"。至2020年，我国将进一步提高太阳能热利用产业的能源结构占有率，并在国家减排40%～45%的总目标中占有较大的贡献率。

按照太阳能热利用产业中的增长方案，预计2015年和2020年我国太阳能光热产业年产量可达13500万m^2和27300万m^2，年产值分别可达到1800亿元和3800亿元；太阳能热水器总保有量将达4.0亿m^2和8.0亿m^2；太阳能热利用占可再生能源的16%、占总能源的2%，为1.22亿t标煤、减排二氧化碳2.62亿t；国际市场出口实现2015年5亿美元和2020年10亿美元的总目标。

要实现上述目标，需继续推广和应用适合国情的直插、紧凑式全玻璃真空管太阳能热水器，进一步提高产品质量和可靠性，提高生产率，降低生产成本；要加大基础材料、新工艺、新部件、新产品、新装备的开发力度，继续提高系统的整体水平。在此基础上重点在以下八大领域拓展应用：第一，开发和推广太阳能低温热水集成技术，包括高效集热、贮热技术，机电一体化和运行技术，辅助能源技术，与建筑结合技术，控制技术等；第二，开发高效平板太阳能集热器技术；第三，开发推广分体式承压太阳能热水系统，开发推广分体式二次回路太阳能热水系统等新型承压式太阳能热水系统；第四，开发推广太阳能热水采暖及辅助能源匹配技术；第五，开发太阳能中高温集热技术；第六，开发推广太阳房、太阳灶等技术和产品，开发推广主被动结合式太阳房技术；第七，开发推广太阳能热利用在工农业生产中的应用技术，开发空气集热器，推广太阳能干燥技术及海水淡化、工业用热水等技术；第八，太阳能空调及热发电技术研发。目前，热发电的关键技术集热管和集热器的研制已取得重大进展。

（快讯栏目编辑：莫弘之）

1 《建筑气候学》（第一版）

本书结合中国国情，以充分利用气候资源创造舒适的低能耗生态建筑为目标，系统阐述了考虑我国各地区气候影响的建筑设计的基本原理、气候分析方法、气候调节策略及其在设计中的应用。全书分为绪论、方法原理和具体应用三个部分。第1章为绪论部分，介绍了建筑气候学的发展过程及其所涉及的主要内容；第2章与第3章着重阐述了建筑气候学的基本原理和气候分析方法，并从人体热舒适角度论述了气候调节手法与室内外气候的关系；第4～7章为建筑气候学原理在建筑设计中的具体应用。其中第4章与第5章利用建筑气候分析法，对我国直辖市与省会城市的气候进行了系统分析工作，提出了适应地域气候的低能耗建筑的设计原则与技术措施；第6章和第7章以方法原理、设计要点、实例分析为序，从场地、群体、建筑朝向、体形与空间组合，建筑围护结构的细部处理等方面综合论述了经济、适宜的被动式气候调节技术在建筑设计中的运用。本书成果不仅为建筑的可持续发展提供指导意义，同时也为建筑师的创作提供了新的源泉。

《建筑气候学》，杨柳著，北京：中国建筑工业出版社，2010，ISBN：9787-112-11674-4

2 《景观都市主义》（第一版）

伴随着世界各地城市的不断向周边扩张，景观已渐渐取代建筑成为一种重要的元素。尚处于萌芽中的景观都市主义实践，真实地反映了这一转变过程。其中水平表面与横跨大地的基础设施的交织，取代了传统城市中密集紧凑的空间形态与建筑肌理。在这种新的结构中，景观已不仅仅是公园或花园，而蕴涵着更多的内涵：从高速公路、受到污染的工业化场地到城市远郊呈爆炸式增长的人口需求。

本书介绍了在景观都市主义领域内知名的14位国际学者的14篇文章，每篇文章都取自不同的视角，全面收集这一新兴领域的起源、联系、目标和应用等方面的情况。同时，对场地的思考、时间与运动中的景观、景观的尺度辨析、基础设施的景观、废弃景观的再利用以及景观都市主义在欧洲等方面展开，并结合公共工程项目实践对景观都市主义进行了全面的解析。该书对建筑、城市设计及景观相关专业人员具有极强的可操作性与实用性。

《景观都市主义》，[美]查尔斯·瓦尔德海姆著，刘海龙等译，北京：中国建筑工业出版社，2011，ISBN：9787-112-12253-0

3 《思考建筑》

瑞士建筑师彼得·卒姆托的《思考建筑》，是以往设计思想的集成之作。"思考"一词没有用静时态的"thought"，而使用显示着动态过程的"thinking"，他在此意指不断接近的思考过程。本书中优美的文字与精致的图片为彼得·卒姆托建筑思考的沉思品质提供了佐证，这种品质由材料的美感、尺度的精确模制化、抽象构图的纯粹性、完美细部的快感以及建筑与自然之间动态的联系共同构成。

卒姆托的建筑将色彩范围控制到光与影的微差之中，约束了光与形式之间的相互作用，它通过增强建筑的形体与体量感觉，来强调建筑物固有的严密与精确。这些照片所展现的建筑抽象的美感恰到好处地解说了法国诗人波德莱尔的诗句："'简洁'修饰着美！"为了设计一幢与生活感性相关联的建筑，设计师必须从远远超出形式与构造的层次来考虑。彼得·卒姆托在文中表达了他设计这些建筑的动力，是出于我们自身多方面的感受和理解，并拥有了强大和正确的表现方式和人格。

《思考建筑》，[瑞士]彼得·卒姆托著，张宇译，北京：中国建筑工业出版社，2010，ISBN：9787-112-09221-5

4 《设计中的设计（全本）》

日本平面设计大师原研哉先生，现任日本设计中心的代表，武藏野美术大学教授，无印良品咨询委员会委员。他以一双无视外部世界飞速发展变化的眼睛来面对"日常生活"，以谦虚但同时锐利的目光寻找其设计所在。当我们的日常生活正越来越陷入自身窠臼之时，他敏锐地感知到了设计的征候和迹象，并且自觉地挑战其中的未知领域，他的设计作品显现出不落陈规的清新。

原研哉先生将设计作为一种生活哲学，不断变换着自我的意识，拓展了设计的视野和范畴，找到设计被需求的空间并在其中进行设计。他将全球化的理念与本土、区域性色彩和品位融为一体，是一位注重触觉体验的材质大师。通过发明新的材质，运用崭新的触觉体验设计新事物，他还是一位色彩的逃逸者，运用白色语言进行设计。原研哉关注小的创意与案例，探索日常生活中的设计谦和之乐。他的设计既感性又理性，不是纯粹的平面设计，而是以建筑设计为出发点来思考设计，因而平面的设计也赋予立体化的要素。原研哉将日本美学与生活方式视为西方世界的学习榜样，凭着他的谦逊、象征主义、传统与阴翳、摒弃过度消费去体验大自然的快乐，是当下崇尚的低碳经济与健康生活哲学的倡导者。

《设计中的设计》自2003年出版以来畅销至今，在日本先后加印17次，2004年荣获由SUNTORY财团颁发的第二十六届文学艺术大奖。此次由广西师范大学出版社出版的《设计中的设计（全本）》一书中作者原研哉先生重新精心汇编了多篇内容，书中新增加的内容有：再设计——十一世纪的日常用品；HAPTIC——五感的觉醒；SENSEWARE——引人兴趣的媒介、白、无印良品——无，亦所有；从亚洲的顶端看世界、门门再造计划的视觉系统提案等，大幅延伸、修订、扩增了更丰富的图文，以最权威的面貌结集成册。该书帮助读者以全新的视野去观照日常生活，将"设计"

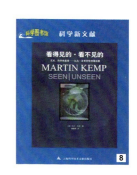

的意义超越技术的层面，力求为人们的生活注入新的能量。

《设计中的设计（全本）》，[日]原研哉著，纪江红等译，桂林：广西师范大学出版社，2010，ISBN：9787-5633-9418-0

5 《如诗的凝视：光在建筑中的安居》

"光在建筑中被唤醒，凝冻在空间并形成实体的形貌。看似不动的建筑空间，往往能透过光的转向而变异。"光与空间在某种情况中，的确可能达到"瞬间诗意"氛围的生成，在建筑物中有效地利用光的作用，引入光对人的心理产生的影响，是每个建筑师和设计者都需要深入研究的课题。

《如诗的凝视：光在建筑中的安居》以诗意的语言带领您走向光的深邃世界，讲述了光的属性及在建筑物里的多种应用和表现形式，探讨了光的本质、光与多种材料、光与空间、光与影像、光与色彩及其表现形式与影响。

《如诗的凝视：光在建筑中的安居》，徐纯一著，北京：清华大学出版社，2010，ISBN：9787-302-23399-2

6 《设计城市——城市设计的批判性导读》（第一版）

丛书名：国外城市规划与设计理论译丛。这是一本对于我国城市规划师、建筑师、政府官员及相关专业在校学生具有很好的启迪与指导作用的著作。它包含了近30年来一些著名学者的文章和一些不太著名但却值得为更多人关注的学者的文章。本书编著者详细解释了本书的全部结构及相关课题，其精心编辑的章节和构架有助于城市规划师、建筑师、政府官员及相关专业在校的学生们理解城市设计发展的理论脉络及城市设计所存在的理论语境。同时，还提供了详细的理论性范例，建议城市设计最好从空间政治经济体制等分支学科的角度来观察。

作者简介：亚历山大·R·卡斯伯特（Alexander Rankine Cuthbert），悉尼新南威尔士大学的规划与城市发展的教授，曾生活和工作于美国、欧洲、亚洲和澳大利亚，致力于建筑、城市设计、城市规划和政治科学研究及大型规划设计实践，这都为他所关注的"设计城市"研究提供了广泛的知识基础。

《设计城市——城市设计的批判性导读》，[澳]亚历山大·R·卡斯伯特编著，韩冬青等译，北京：中国建筑工业出版社，2011，ISBN：9787-112-12642-2

7 《漫游：建筑体验与文学想象》

由中国青年出版社出版的《漫游：建筑体验与文学想象》，在有32个国家和地区图书参评的2011年"世界最美的书"评选中，获得"世界最美的书"称号。

作为一种已存在的文学和电影类型，Architectural Fiction在过去曾掀起热潮。其中卡尔维诺的《看不见的城市》、Edward Carey的《望馆楼追想》、Ayn Rand的《源泉》以及Fritz Lang的《大都市》、库布里克的《2001太空漫游》、Ridley Scott的《银翼杀手》等成为人们熟知的经典作品。作家们根据建筑或城市空间写的故事或者以建筑师为主角的小说，是对发生在真实现场的虚拟记忆的提取，要求观众想象力的参与。

2009年深圳香港城市建筑双城双年展的总策展人欧宁，从过去十年内在中国各城市建成的建筑中，挑选出九个最具代表性的设计作为该展览的参展建筑物，同时邀请九位知名作家到这些建筑物实地考察。他们根据体验和想象，撰写了九篇小说，虚构人与建筑的故事。九位作家包括韩东、朱文、阮庆岳、路内、胡淑雯、胡昉、韩丽珠、盛可以和张悦然。他们将分别写鹿野苑（家琨建筑事务所，四川成都，2002）、派镇码头（张轲+标准营造建筑事务所，西藏，2008）、混凝土缝之宅（张雷建筑事务所，江苏南京，2007）、中国美术学院象山校区（王澍，浙江杭州，2008）、父亲宅（马清运+马达思班建筑事务所，蓝田，陕西西安，2005）、广州歌剧院（Zaha Hadid建筑事务所，广东广州，2009）、土楼公舍（孟岩，刘晓都和王辉+都市实践建筑事务所，广东南海，2008）、浮塔（Steven Holl建筑事务所，广东深圳，2009）和连云港大沙湾海滨浴场（祝晓峰+山水秀建筑事务所，江苏连云港连岛，2007）。通过这样一次平行的漫游，人们能够穿越作家们的词语密林和文字世界，实地亲历不同的地理，拜访建筑师们创造的奇异空间，捕捉历史的现场，参与体验想象。

《漫游：建筑体验与文学想象》，欧宁，北京：中国青年出版社，2010，ISBN：9787-500-69275-1

8 《看得见的·看不见的——科学图书馆科学新文献》

本书由牛津大学美术史教授马丁·肯普编著，主要探讨了艺术和科学中一些反复出现的主题性内涵，它们反映了"结构知觉"在看得见的和看不见的自然界中的应用。《看得见的·看不见的》由太空之旅、微观和广阔的世界、洞察力设计、掌控之外四个部分构成，本书以全新的视角、用历史的眼光审视图像，用科技知识阐释艺术作品，将过去的图像和文字材料以及现代的手段相交融，跳出科学严格的分界和艺术分类的束缚，在重视历史的同时审视当今。这是一本将给专业人士以及热爱艺术的读者带来深刻启迪的图书，同时也是值得您倾心阅读的一本图书。

《看得见的·看不见的——科学图书馆科学新文献》，[英]马丁·肯普著，郭锦辉译，上海：上海科学技术文献出版社，2011，ISBN：9787-543-94650-7

（书评栏目编辑：魏秦）

雅典系列